Carl

Dietmar Nill · Bernhard Ziegler

Tiere der Nacht

KOSMOS

Dietmar Nill · Bernhard Ziegler

TIERE DE

R NACHT

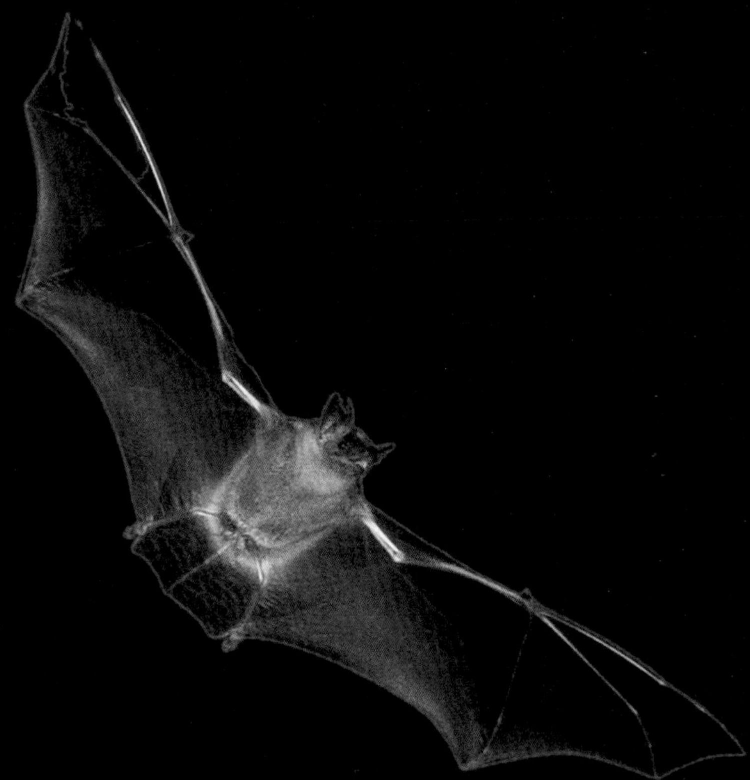

Inhalt

Warte bis es dunkel ist ...

Weshalb in aller Welt habe ich es mir zur Aufgabe gemacht, nachtaktive Tiere zu fotografieren und zu filmen? Immer wieder muss ich mich dieser Frage stellen. Die Lebens- und Verhaltensweisen nachtaktiver Tiere zu beobachten und sie dann noch mit der Kamera zu erfassen ist schon auf den ersten Blick eine fast unlösbare Herausforderung. Wer Tiere in der Dunkelheit fotografieren oder filmen möchte, benötigt eine umfangreiche Ausrüstung. Und der erfolgreiche Einsatz von Blitzgeräten, Infrarotlampen, Lichtschranken oder Nachtsichtgeräten erfordert Übung, Ausdauer und Geschicklichkeit. Was also fasziniert mich gerade an dieser Aufgabe? Die Antwort darauf lässt sich nicht in einen Satz packen:

Zunächst einmal reizt mich das Unbekannte. Wer nachts auf Fotopirsch geht, verlässt die ausgetretenen Pfade und hat die Chance etwas vor die Linse zu bekommen, was noch kaum jemand gesehen, geschweige denn fotografiert hat. Denken wir doch nur einmal an den Steinmarder. Obwohl er in unmittelbarer Nachbarschaft mit uns lebt, nehmen wir ihn nur wahr, wenn er die Kabel unseres Autos durchbeißt. Und falls wir ihn doch einmal zu Gesicht kriegen, dann meist nur, wenn er im Schutz der Dunkelheit über die Straße huscht. Nicht anders ist es mit den Fledermäusen. Die wohnen zuweilen direkt unter unserem Dach, ohne dass wir sie überhaupt wahrnehmen.

Wie aber kommt es dazu, dass manche Tiere den Tag verschlafen und erst bei Einbruch der Dämmerung aktiv werden? Welche Vorteile bietet ein Leben in der Dunkelheit und wie finden sich diese Tiere zurecht? Die Antwort auf diese Fragen ist von Art zu Art unterschiedlich. Einige Arten waren schon immer nachtaktiv. Sie leben meist im Boden und sind nicht auf Tageslicht angewiesen. Nicht selten ist das direkte Sonnenlicht für sie sogar schädlich. Falls sie tatsächlich

Augen haben oder hatten, wurden diese wie beispielsweise beim Maulwurf stark zurückgebildet. Viele Arten haben sich erst im Laufe der Evolution an die nächtliche Lebensweise angepasst. Beutetiere, die am Tage von zu vielen Feinden verfolgt wurden, wichen mit der Zeit auf die Nacht aus. Der Schutz der Dunkelheit ermöglichte ihnen eine ungestörtere Lebensweise – vorausgesetzt die Tiere sind auch nachts in der Lage, genügend Nahrung zu finden. Viele nachtaktive Beutetiere rufen jedoch auch die Jäger auf den Plan, die ebenfalls unter diesen Bedingungen unterwegs sind. Denn wenn ein Beutegreifer in der Lage ist nachts erfolgreich zu jagen, wird er seine Aktivität umstellen, sobald der Jagderfolg in der Nacht größer ist als am Tage. Der Prozess der Anpassung an die Dunkelheit vollzieht sich seit Jahrtausenden. Dass die Entwicklung noch nicht abgeschlossen ist, zeigt sich am Wolf. Dort wo er nicht gestört wird, jagt er am Tage oder in der Dämmerung. Wird er aber durch den Menschen bei seiner Jagd behindert, verlagert er seine Aktivität auf die Nacht und verbringt den Tag im sicheren Versteck.

Wolf, Marder, Uhu und Leuchtkäfer – kaum einer sieht diese Tiere. Sie bewegen sich geräuschlos, sie finden sich dann zurecht, wenn wir nichts mehr wahrnehmen können. Sie werben um einen Partner, ziehen ihre Jungen auf, gehen auf die Jagd und schützen sich vor Feinden. Sie führen ein ganz normales Tierleben, wie ihre Kollegen bei Tage auch. Wie gelingt ihnen das? Wie kann ich ihnen mit meiner Kamera ihre Geheimnisse entlocken? Ich habe mich einfach in ihre ungewohnte Welt begeben und ihr Leben in Dämmerung und Dunkelheit für kurze Zeit geteilt. Einen Teil der Ausbeute meiner nächtlichen Streifzüge finden sich in diesem Buch. Wenn sich der eine oder andere beim Durchblättern fragt: »Wie hat er das bloß gemacht?« hat sich der Aufwand gelohnt.

Kapitel 1

Sinnesleistungen

Sehen

In völliger Dunkelheit sind auch die besten Augen wirkungslos. Wer sehen möchte, benötigt Licht. Aber völlige Dunkelheit gibt es – außer in tiefen Höhlen – fast nie. Manchen Tieren reicht schon der Schein des Mondes und des Sternenhimmels aus, um genügend sehen zu können – vorausgesetzt die Augen sind groß genug um das wenige Licht bündeln zu können. Kein Wunder also, dass die Augen unserer nachtaktiven Eulen riesig groß sind. Beim Uhu machen die starr nach vorn gerichteten Augäpfel sogar ein Drittel des gesamten Kopfvolumens aus. Dadurch kann der Uhu auch dann noch Beute machen, wenn wir längst nichts mehr erkennen können.

Ein warmer Abend im Mai. Ich sitze mal wieder in meinem Versteck am Fels. Vor mir erhebt sich eine 40 Meter hohe Felswand. Im oberen Drittel befindet sich eine etwa 2 Meter große Nische im Fels – ein idealer Brutplatz für den Uhu. Bereits Anfang März konnte ich beobachten, dass das Weibchen dort seine Eier abgelegt hat. Inzwischen ist es Mai und die drei halbwüchsigen Jungvögel sind mit dem Fernglas gut zu erkennen. Die Mutter verbringt den Tag inzwischen nicht mehr am Nest. Sie muss auf die Jagd, denn ihre Kinderschar ist immer hungrig. Aus Erfahrung weiß ich aber, dass die Eltern nicht allzu weit entfernt sind. Mit dem Fernglas suche ich die Bäume in der Nachbarschaft des Felsens ab und kann tatsächlich einen Altvogel in der Krone einer Kiefer entdecken. Der Vogel sitzt gut getarnt und völlig unbeweglich in der Nähe des Stamms. Noch scheint er zu schlafen. Seine Silhouette verschmilzt mit dem Stamm der Kiefer.

Die Jungen sind jedoch bereits hellwach. Auf der Suche nach Futterresten erkunden sie die Umgebung ihres Nestes. Die drei scheinen die Wärme der untergehenden Sonne genauso zu genießen wie ich. Immer wieder gleitet mein Blick hinüber zu dem Altvogel. Und tatsächlich: Mit dem Einbruch der Dämmerung erwacht der Vogel. Er blinzelt mit den Augen, kratzt sich mit seinen Krallen am Hinterkopf, plustert sich auf und öffnet den Schnabel, als würde er gähnen. Dann lässt er seinen typischen Ruf, ein lautes »u-hu« ertönen. Als Antwort erschallt aus der Ferne ein deutlich dumpferes »bu-hu«. Erst jetzt bestätigt sich meine Vermutung, dass es sich bei dem vor mir sitzenden Altvogel tatsächlich um die Mutter handelt. Sie putzt sich noch eine Weile, bevor sie schließlich abhebt und im völlig lautlosen Ruderflug in die Dämmerung entschwindet.

Wie alle Eulen besitzt auch der Uhu ein samtig weiches Federkleid. Zusätzlich weisen die Schwungfedern an den Vorderkannten eine sägeartige Zahnung auf. Dies verringert die Luftturbulenzen und ermöglicht der Eule den lautlosen Flug – ein deutlicher Vorteil bei der Jagd.

O – Junguhus erforschen bereits im Alter von vier bis fünf Wochen ihre Umgebung. In diesem Alter sind sie in der Felswand mitunter auch tagsüber gut zu beobachten.

U – Ein ausgewachsener Uhu fliegt nur selten am Tag. Dank der weichen Federn fliegt er völlig geräuschlos und kann seine Beute im Schutze der Dunkelheit besonders gut überraschen.

O – Der Ruf des Uhus, ein lautes „u-hu“, ertönt besonders häufig zur Paarungszeit im Januar und Februar. Aber auch während der Jungenaufzucht sind die Rufe mitunter zu hören.

U – Die riesigen Augen machen beim Uhu ein Drittel seines Kopfes aus. Damit kann er auch bei fast völliger Dunkelheit noch perfekt sehen. Die Federohren leiten den Schall an das Ohr weiter. QR 1

Jetzt kann ich mich zurücklehnen und auf die Rückkehr der Mutter warten. Da ertönt über mir im Baum ein lautes Pfeifen und Quieken, das immer wieder von raschelnden Bewegungsgeräuschen unterbrochen wird. Mir ist sofort klar, wer diesen Krach veranstaltet: Es sind die Siebenschläfer. Vor nicht allzu langer Zeit sind sie aus dem Winterschlaf erwacht und kommen offensichtlich bereits in Paarungsstimmung. Ich richte mein Fernglas in die Baumkronen.

Auch in der Dämmerung leistet es mir noch hervorragende Dienste. Aber wie angestrengt ich auch nach oben blicke, ich kann ich die Tiere nicht entdecken. In den belaubten Baumkronen ist es bereits zu dunkel.

Schließlich bin ich doch zu neugierig und schalte meine Taschenlampe ein. Blitzartig findet der Lärm ein jähes Ende. Offensichtlich behagt den Bilchen das Licht überhaupt nicht. Dafür kann ich jetzt im Lichtschein einen der grauweißen Gesellen erkennen. Das Tier sitzt geduckt auf einem Ast. Der buschige Schwanz, der im ersten Moment an ein Eichhörnchen erinnert, steht vor Erregung steil nach oben. Mit seinen großen, dunklen Knopfaugen starrt der Siebenschläfer angestrengt in die Taschenlampe. Auch seine Augen sind, wie die Augen der Eulen stark vergrößert. Dadurch erzielen sie die gleiche Wirkung wie mein Dämmerungsfernglas. Durch die großen Linsen wird möglichst viel Licht eingefangen und auf die Netzhaut projektiert. Nur deshalb können die Tiere auch im schwachen Schein des Mondes noch genügend sehen.

Am Uhu-Nest regt sich was. Laute Bettelgeräusche der jungen Uhus erinnern mich daran, warum ich eigentlich hier bin. Einer der Altvögel ist mit Beute zurück ans Nest gekommen. Nach der Körpergröße zu urteilen ist es vermutlich das Weibchen. Ich bin immer wieder überrascht, wie geschickt die Eulen im schwachen Licht des Mondes durch den dichten Wald fliegen und wie zielsicher sie landen. Mein Fernglas lässt mich nicht im Stich. Ich kann noch sehr gut erkennen, wie die Eulenmutter die Beute zerkleinert und an ihre hungrigen Jungen verteilt. Ich kann sogar sehen, was es zu fressen gibt: Es ist eine Ente.

Uhus fliegen auf der Suche nach Nahrung in der Regel sehr tief. Dank ihrer guten Augen und der völlig geräuschlosen Flugweise gelingt ihnen meist ein Überraschungsangriff. Das Uhu-Weibchen hat den Wasservogel vermutlich auf dem nahegelegenen Fluss erbeutet. Es hat die auf der Wasseroberfläche schlafende Ente im Flug gegriffen und mit seinen messerscharfen Krallen erdolcht.

Nach etwa 20 Minuten sind die jungen Eulen satt. Der Rest der Nahrung, der noch übrig ist, wird von der Mutter am Rande der Brutnische deponiert. Als der Vogel wieder in die Dunkelheit hinausfliegt, trete auch ich den Heimweg an.

Die Schleiereule ist auch nachts an ihrer weißen Unterseite deutlich zu erkennen. Ihre Augen sind nicht ganz so groß wie die des Uhus, aber dafür wirkt der Gesichtsschleier wie ein Trichter, der den Schall verstärkt und ans Mittelohr weiterleitet. **QR 2**

Riechen – immer der Nase nach

Heute Vormittag war ich am Waldrand unterwegs und habe mir dort einen Dachsbau angeschaut. Den Spuren nach zu urteilen scheint der Bau stark befahren zu sein. An einigen Ausgängen liegt frische Erde. Hier wurde vor nicht allzu langer Zeit gegraben. An einem anderen, zentral gelegenen Ausgang ist alles platt getrampelt. Hier, so vermute ich, spielen in der Dämmerung junge Dachse. Junge Dachse kommen im Februar zur Welt und verlassen je nach Witterung ab Mitte April zum ersten Mal den schützenden Bau.

Ich nütze den Tag und baue mir etwa 10 Meter vom Bau entfernt ein kleines Versteck. Als es Abend wird warte ich dort mit meiner Kamera. Die Sonne verschwindet gerade hinter dem Horizont. Wenn jetzt noch der Wind stimmt, müsste ich die Dachse eigentlich sicher vor die Linse bekommen. Dachse sehen nicht besonders gut, haben aber eine äußerst feine Nase. Bevor sie ihren Bau verlassen, stehen sie lange am Eingang und prüfen, ob die Luft rein ist. Weht der Wind von meinem Versteck zum Bau, werde ich heute Abend vergeblich warten. Ich prüfe die Lage: Aus meiner Tasche hole ich ein Stück Watte heraus und lasse davon einen winzigen Fussel fliegen. Eine unmerkliche Brise, so schwach, dass ich sie gar nicht wahrnehme, erfasst ihn und treibt ihn langsam hangabwärts. Wenn der Wind so bleibt, werden mich die Dachse nicht wittern. Allmählich wird es Nacht und von den Dachsen ist noch immer nichts zu sehen. Ein brummendes Geräusch über meinem Kopf lässt mich nach oben blicken. Im Dämmerlicht erkenne ich einen behäbig fliegenden Maikäfer, der gerade versucht, auf einem frischen Buchenblatt zu landen. Aber die Landung missglückt und stattdessen fällt mir der Käfer direkt vor die Füße. Ich nehme den Maikäfer in die Hand. Ein Männchen – das erkenne ich an den buschigen, blättchenförmigen Fühlern. Die Oberfläche der Fühler ist bei den männlichen Maikäfern besonders groß, denn dort sitzen zahlreiche Geruchsrezeptoren. Mit Hilfe dieser Rezeptoren finden die Tiere ihre Nahrung und vor allem ihre Partnerin. Paarungsbereite Weibchen senden Botenstoffe aus und locken damit ihre Freier an. Die Fühler der Männchen reagieren offenbar derart empfindlich, dass bereits einzelne Moleküle dieses Botenstoffes ausreichen, um ein Männchen anzulocken.

Nachdem der Käfer gemerkt hat, dass es bei mir nichts zu fressen gibt, pumpt er mehrmals kräftig, klappt seine Flügeldecken auf und hebt laut brummend ab.

Dachse haben eine ausgesprochen feine Nase. Um an einen besonderen Leckerbissen zu gelangen, gehen sie, wenn es sein muss, sogar ins Wasser. **QR 3**

Am Dachsbau ist es noch immer ruhig. Vorsichtshalber nehme ich noch etwas Watte. Der Wind steht günstig. Doch da – hat sich da nicht eben etwas bewegt? Ich greife langsam und völlig geräuschlos zum Fernglas und blicke angestrengt zu der Röhre, in der ich die Bewegung bemerkt habe. Und tatsächlich: Im Dämmerlicht erkenne ich die schwarz-weiße Zeichnung eines Dachskopfes. Offenbar prüft der Dachs gerade, ob »die Luft rein« ist. Jetzt bloß keine Geräusche und keine hektischen Bewegungen, sonst verschwindet er wieder und der ganze Aufwand war umsonst! Ich verharre bewegungslos. Noch dreht der Wind nicht. Alles in Ordnung? Der Dachs bleibt jedenfalls vor der Höhle sitzen. Er lässt sich Zeit und schnuppert immer wieder, bevor er endlich aus seinem Bau trottet.

Auf dem Erdauswurf bleibt er stehen und sichert in alle Richtungen. Dann schaut er angestrengt zu mir herüber. Offenbar hat er meine Tarnvorrichtung entdeckt. Ich bleibe wie angewurzelt sitzen und halte vor lauter Anspannung sogar den Atem an. Endlich wendet sich das Tier von mir ab, setzt sich und beginnt sich zu kratzen. Ein deutliches Zeichen, dass es sich sicher fühlt. Neben den Kratzgeräuschen dringen auch noch die »keckernden« Laute weiterer Dachse an mein Ohr. Und tatsächlich erscheinen nacheinander zwei weitere ausgewachsene Dachse und vier noch ganz unbeholfen wirkende Jungtiere. Bei beiden älteren Tiere, bei denen es sich vermutlich um den weiblichen Nachwuchs aus dem Vorjahr handelt, wiederholt sich das eben gezeigte Schauspiel – intensives Sichern in alle Richtungen und ausgiebiges Fellkratzen.

Die knapp 3 Monate alten Jungdachse sind noch völlig unbekümmert. Sie vertreiben sich die Zeit mit Fangspielen. Immer wieder schleichen sie sich gegenseitig an oder springen aus einem Hinterhalt aufeinander zu. Sie versuchen sich gegenseitig ins Ohr und ins Genick zu beißen. Jetzt drücke ich ein erstes Mal auf den Auslöser. Ein grelles Blitzlicht erleuchtet den Platz und die erwachsenen Tiere verschwinden aufgeregt im Loch. Da sich die Jungen aber nicht allzu sehr stören lassen, mache ich weitere Fotos. Nach und nach kommen auch die anderen Dachse wieder zum Vorschein, zucken aber jedes Mal zusammen, wenn ich auf den Auslöser drücke.

Dann erscheint ein ziemlich großer Dachs mit mächtigem Schädel an einem der Ausgänge. Es ist der, an dem ich am Vormittag die frische Erde entdeckt habe. Der Alte wirft den anderen Dachsen einen kurzen Blick zu und verschwindet dann so schnell, wie er gekommen ist. Mit ziemlicher Sicherheit handelt es sich bei diesem Dachs um ein männliches Tier. Die machen oft ihrem Beinamen »Grimmbart« alle Ehre. Sie meiden den Familienrummel und ziehen sich gerne in einen ruhigeren Abschnitt des Baus zurück. Es dauert aber nicht lange, bis er erneut, diesmal mit dem Schwanz zuerst, aus dem Loch kommt. Mit seinen Vorderpfoten schaufelt er frische Erde hinter sich her, deponiert sie auf dem Erdauswurf und verschwindet erneut. Ich schwenke die Kamera und mache ein Foto, als er ein weiteres Mal rückwärts laufend auf dem Erdauswurf erscheint. Der Dachs zuckt zusammen und schaut zu mir herüber.

Jetzt hat er meinen Tarnstand entdeckt. Die Aufregung ist ihm deutlich anzumerken. Er richtet seine Nase immer in meine Richtung und läuft in einem weiten Bogen auf mich zu. Ich ahne was der Dachs vorhat, kann es aber unmöglich verhindern.

Und dann passiert das Unvermeidliche: Der Dachs kreuzt meinen Wind. Aufgeregt stößt er mehrere laute Warnschnaufer aus und rennt schließlich laut polternd in den Wald. Die anderen Dachse, die eben noch ganz unbekümmert vor dem Bau gespielt hatten, verschwinden allesamt im Bau. Ich kann einpacken. Aus Erfahrung weiß ich, dass ich die Tiere heute nicht mehr fotografieren werde.

DACHSE ERFOLGREICH FOTOGRAFIEREN:

Wer Dachse fotografieren möchte muss in jedem Fall genau auf den Wind achten. Bei Wind von hinten wartet man vergeblich. Manchmal verlassen Dachse ihren Bau schon in der Dämmerung. Dann kann man die ASA-Zahl an der Kamera erhöhen und so auf den Blitz verzichten. Bei völliger Dunkelheit müssen die Tiere zur Fokussierung angeleuchtet werden. Den Lichtkegel dabei möglichst starr direkt auf den Dachs richten. Auf das Blitzlicht der Kamera reagieren Dachse nicht selten mit Flucht. Lediglich junge, unerfahrene Dachse, die zuweilen vor dem Bau spielen, gewöhnen sich schnell an das Blitzlicht und kommen sogar neugierig näher. Blitz auf keinen Fall direkt auf der Kamera montieren. Das gibt hell reflektierende Augen und harte Schlagschatten. Besser 1-2 Blitze von der Seite verwenden.

Mit seiner Schnauze, dem borstigen Fell, den langen Tasthaaren und den kurzen, kräftigen Beinen ist der Dachs hervorragend an das Leben unter der Erde angepasst. Auch bei der nächtlichen Futtersuche leistet ihm die Nase wertvolle Dienste.

Dachse haben ein breites Nahrungsspektrum und gehören daher zu den Allesfressern. Neben Schnecken, Würmern, Mäusen und zahlreichen anderen Kleintieren verzehren sie auch Aas und allerlei Früchte. Insbesondere im Spätsommer und Herbst kommen sie gerne in die Streuobstwiesen um sich mit den zahlreichen Früchten ihren Winterspeck anzufressen.

Hören

An einem heißen Spätnachmittag im Juli sitze ich mit meiner Kamera auf einem Hochsitz am Rande einer kleinen Waldlichtung und genieße die herrliche Aussicht. Die Wiese ist ruhig und abgelegen – ein idealer Ort um das Paarungsverhalten von Rehen zu fotografieren. In dieser Zeit sind die Rehe sehr aktiv und an ruhigen Plätzen oft schon am Tage zu beobachten.

Das erste Tier erscheint auf der Wiese. Nicht etwa ein Reh, sondern ein Feldhase. Ganz unbekümmert hoppelt er mitten durch das Grün, schnuppert an der einen oder anderen Pflanze und frisst mal da, mal dort ein paar Blätter oder einen Halm. Feldhasen sind, was ihre Nahrung anbelangt, ausgesprochen wählerisch. Ihr Speiseplan besteht aus einem breiten Mix aus verschiedensten Kräutern, Gräsern und Gehölzen. In regelmäßigen Abständen richtet sich der Hase auf und hört aufmerksam die Umgebung ab. Dabei dreht er seine Lauscher in alle Richtungen. Wer derart große Ohren hat, dem entgeht auch nicht das kleinste Geräusch. Auch das wirklich sehr leise Klicken meiner Digitalkamera bewirkt schon, dass er die Ohren sofort in meine Richtung dreht. Er lässt sich noch ein Paar mal fotografieren und verschwindet dann in der gegenüberliegenden Hecke.

Ein Reh erscheint auf der Lichtung, nur wenige Meter vom Hochsitz entfernt. Obwohl der Waldboden ziemlich trocken ist, hat sich das Tier völlig lautlos angeschlichen. Anders als der Feldhase verhält sich das Reh auf der Wiese äußerst vorsichtig. Angespannt und stets zum Sprung bereit blickt es in alle Richtungen. Mit weit aufgerichtetem Hals und großen, nach vorn gerichteten Ohren prüft es, ob von irgendwoher Gefahr droht. Ich kann es nicht abwarten und mache ein erstes Foto. Ein Fehler – das Reh zuckt zusammen, wirft den Kopf herum und starrt zu mir herauf. Rehe reagieren in erster Linie auf Bewegungen. Ich bleibe also regungslos sitzen und wage kaum mehr zu atmen. Zum Glück steht der Wind günstig. Denn hätte es mich jetzt gerochen, wäre es laut bellend davongerannt. Ich denke an die Zeit zurück, als ich noch mit einer analogen Spiegelreflexkamera fotografierte. Damals ist es häufig passiert, dass die Rehe aufgrund des Kamerageräusches die Flucht ergriffen. Aber mit einer derart heftigen Reaktion auf ein so leises Geräusch hätte ich nicht gerechnet!

Jetzt beugt sich das Reh nach unten und tut so, als würde es fressen. Diesmal lasse ich mich nicht täuschen. Rehe reagieren häufig mit sogenanntem »Scheinäsen« um herauszufinden wer das Geräusch verursacht hat. Und tatsächlich. Schon wenige Sekunden später hebt es erneut den Kopf und sichert in meine Richtung. Darauf war ich jetzt aber vorbereitet, und da von mir keinerlei Geräusche mehr ausgehen, wird die Ricke allmählich ruhiger.

Auf ein fiependes Geräusch hin erscheint ein Rehkitz am Waldrand und läuft zielstrebig auf seine Mutter zu. Das war also der Grund für die extreme Vorsicht. Das Kitz ist schätzungsweise zwei Monate alt. Die weißen Flecken sind noch deutlich zu sehen. In diesem Alter begleiten die Jungen die Mutter bereits bei der Nahrungssuche. Obwohl das Kitz noch gesäugt wird, frisst es bereits einige Kräuter und Grashalme. Mutig erkundet es die Umgebung auf eigene Faust. Die Mutter mahnt aber bereits nach kurzer Zeit zum Aufbruch und so verschwinden die beiden Seite an Seite im schützenden Unterholz des Waldes.

Rehe sind Fluchttiere. Die großen Lauscher sind stets auf Empfang. Wird ein verdächtiges Geräusch wahrgenommen, werden die Ohrmuscheln direkt auf die Gefahrenquelle gerichtet. QR 4

Auf den ersten Blick sieht die Wildkatze unserer Hauskatze zum Verwechseln ähnlich. Dies ist mit ein Grund, warum die Wildkatze in Deutschland beinahe ausgerottet wurde. Denn von den Jägern wurde sie mit verwilderten Hauskatzen verwechselt und abgeschossen.

Die Wildkatze nutzt ihr Gehör vor allem für die Jagd. Ihre Ohren sind so gut, dass sie die Mäuse, ihre Hauptnahrungsquelle, in ihren Gängen und Nestern fiepen hört. Neben den Mäusen gehören Kleinvögel, Ratten, Kaninchen, Eichhörnchen, Reptilien, Amphibien, Fische und Insekten auf ihren Speiseplan. QR 5

Vildkatzen haben hoch entwickelte Sinnesorgane. Mit ihren großen, nach vorn gerichteten Ohren könner sie die Geräusche ihrer Beutetiere perfekt orten. Die Augen sind groß und ausgesprochen dämmerungstaug ich. Die Nase kann mit der eines Hundes mithalten, und dank der langen Tasthaare lassen sich Kollisionen im lichten Unterholz vermeiden. Dies alles macht die Wildkatze zu einer außerordentlich erfolgreichen Jägerin

Die Wildkatze ist sehr scheu und meidet den Kontakt zum Menschen. Während die Katze in ruhigen Ge genden tagaktiv ist, verlagert sie ihre Aktivität durch die Anwesenheit des Menschen in die Nacht.

Noch ist es nicht ganz dunkel. Ich beschließe noch ein wenig zu warten. Und tatsächlich werde ich ein weiteres Mal belohnt. Ein Fuchs erscheint auf der Wiese und beginnt sogleich mit der Nahrungssuche. Als Fleischfresser läuft er, die Nase dicht über dem Boden, kreuz und quer über die Wiese. Plötzlich bleibt er wie angewurzelt stehen, duckt sich, schleicht sich langsam vorwärts , verharrt erneut und springt schließlich mit einem gezielten Sprung nach vorn. Die spitze Schnauze verschwindet kurz in der Erde. Dann kann ich beobachten, dass er mit sichtlichem Behagen etwas frisst. Offenbar hat er gerade eine Maus erbeutet. Dieses Schauspiel wiederholt sich mehrere Male. Und fast jedes Mal verschwindet eine Maus in seinem Maul. Als der Fuchs satt ist verlässt er die Wiese an der Stelle, an der er sie betreten hat. Ob wohl irgendwo seine Jungen auf ihn warten? Mittlerweile ist es zu dunkel, um noch fotografieren zu können. Deshalb trete auch ich den Heimweg an.

DÄMMERUNGSTAUGLICHKEIT VON FERNGLÄSERN

Die Dämmerungsleistung eines Fernglases hängt von zahlreichen Faktoren ab: Die Austrittspupille beschreibt die Größe des Bildpunktes (in Millimeter), der auf dem Okular entsteht. Je größer die Austrittspupille ist, desto größer erscheint das Bild. Die nutzbringende Größe der Austrittspupille hängt von den Augen und dem Alter des Beobachters ab. So kann sich die Pupille bei einem jungen Menschen auf 7 Millimeter erweitern, und bei einem älteren nur noch auf maximal 5 Millimeter. Die Größe der Austrittspupille kann man Messen oder errechnen. Dafür wird der Objektivdurchmesser durch die Vergrößerung geteilt. Ein 10 x 40 Glas verfügt über eine Austrittspupille von 4 Millimeter, ein 9 x 63 Glas über eine Austrittspupille von 7 Millimeter.

Füchse sind Nahrungsopportunisten. Wo immer sie Nahrung vermuten, versuchen sie diese auch zu erbeuten. Auf Bäume klettern können sie aber nicht. QR 6

Echoortung

Die laue Sommernacht ist wie geschaffen für die Beobachtung von Fledermäusen. Kurz entschlossen packe ich Bat-Detektor, Nachtsichtgerät und Taschenlampe ein und fahre zur Fledermausbeobachtung an einen kleinen See. Schon auf dem Fußweg zum See schalte ich meinen Bat-Detektor ein. Es dauert nicht lange, da ertönen die Ortungsrufe einer Fledermaus aus dem Detektor. Der Frequenz nach könnte es eine Zwergfledermaus sein, die irgendwo über mir jagt. Schließlich erkenne ich das Tier im schwachen Schein einer Straßenlaterne. Dort kann ich beobachten, wie sie mit geschickten Flugmanövern den Insekten nachstellt. Fledermäuse finden ihre Beute auch ohne Licht. Weil aber die Insekten vom Licht der Straßenlaternen angelockt werden, lassen sie sich zuweilen im Schein der Straßenlaternen beobachten.

Eine Fledermaus stößt zur Orientierung in regelmäßigen Abständen Ultraschalllaute aus. Treffen diese auf ein Objekt, werden sie reflektiert. An diesem Echo hört die Fledermaus, in welcher Richtung und in welcher Entfernung sich dieses Objekt befindet und wie groß es ist. Je häufiger eine Fledermaus ruft, desto deutlicher wird ihr Bild der Umgebung. Will sie also fliegende Insekten orten muss sie entsprechend häufiger rufen. Für uns Menschen sind die Ortungsrufe der Fledermäuse meist nicht hörbar. Mit Hilfe des Bat-Detektors können die Rufe jedoch hörbar gemacht werden. Solch ein Gerät transformiert Ultraschalllaute in eine für uns hörbare Frequenz.

Am See höre ich über den Bat-Detektor Ortungsrufe mehrerer Wasserfledermäuse. Tick, ... tick, ... tick, ... tick, tick, tick, tick, tick, tönt es aus dem Gerät. Auf der dunklen Wasserfläche sind die Tiere aber nicht zu sehen. Ich bin immer wieder fasziniert davon, wie geschickt Fledermäuse in stockdunkler Nacht auf der Jagd nach Insekten dicht über die Wasserfläche flitzen. Ich kann die Tiere nur durch das Nachtsichtgerät sehen. Ein Nachtsichtgerät verstärkt das schwache Restlicht und macht dadurch Dinge sichtbar, die wir in der Dunkelheit mit bloßem Auge gar nicht mehr erkennen können.

Um die Tiere genauer zu beobachten, schalte ich die Taschenlampe ein. Wasserfledermäuse fliegen meist dicht über der Wasserfläche. Deshalb lässt sich ihre Flugbahn im Lichtkegel der Taschenlampe leichter verfolgen, als im freien Luftraum. Wie hell eine Lampe strahlen darf, ist Erfahrungssache. Je stärker die Taschenlampe ist, desto besser sind die Fledermäuse zu sehen. Ist das Licht aber zu hell, ziehen sich die Fledermäuse zurück, denn Fledermäuse sind nicht blind und nehmen das helle Licht durchaus war.

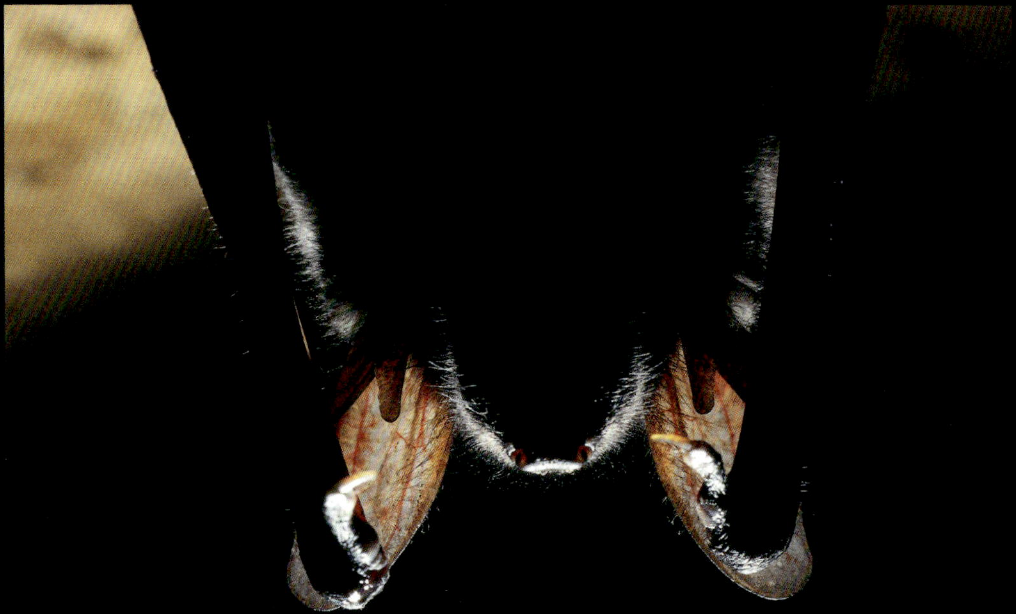

O – Das Große Mausohr besitzt große Ohren. Dies ist für die Jagd am Boden hilfreich, denn der weiche Waldboden verschluckt den Ultraschall und wirft nur leise Echos zurück.

U – Bevor eine Fledermaus die Kolonie verlässt, inspiziert sie ihre Umgebung. Dabei stößt sie durch den geöffneten Mund Ultraschalllaute aus und stellt ihre Ohren auf Empfang.

O – Die Echoortung der Bechsteinfledermaus ist besonders hoch entwickelt. Dadurch kann sie ihre Beute auch dann noch erkennen, wenn diese im dichten Wald auf einem Blatt sitzt.

U – Fledermäuse sind nachtaktiv. Die schützenden Tagesquartiere werden erst in der Dämmerung verlassen. Das Große Mausohr verbringt den Tag in der Dachstube von Häusern und fliegt zur Jagd nach bodenlebenden Insekten in den nahe gelegenen Wald.

Allmählich gewöhnen sich die Tiere an das Licht meiner Lampe und kommen bis auf einen Meter heran. Jetzt kann ich erkennen, wie die Tiere im Flug immer wieder die Wasseroberfläche berühren. Offensichtlich fangen sie die ins Wasser gefallenen Insekten. Wie sie das machen, können wir aber mit bloßem Auge gar nicht sehen. Dafür geht alles viel zu schnell. Erst anhand meiner Fotos und Highspeed-Filmaufnahmen, die an diesen und anderen Plätzen in mühevoller Arbeit entstanden sind, habe ich entdeckt, wie sie dabei vorgehen: Sie fischen die ins Wasser gefallenen Insekten mit ihrer Schwanzflughaut aus dem Wasser.

Das Fotografieren von Fledermäusen in der freien Natur ist für den Naturfotografen eine besondere Herausforderung. Die Tiere sind dunkel gefärbt und heben sich bei Dunkelheit kaum vom dunklen Hintergrund ab. Ich muss das Bild aufwändig ausleuchten und dazu die Standorte von mehreren Blitzgeräten genau überprüfen. Zudem brauche ich eine Lichtschranke und eine Kamera mit möglichst kurzer Verzögerungszeit, denn Fledermäuse fliegen mit hoher Geschwindigkeit. Außerdem treiben die im Wasser liegenden Insekten mit der Strömung und bleiben nicht reglos im Bereich der Lichtschranke liegen. Und selbst wenn man all diese Probleme gelöst hat, benötigt man noch unendlich viel Geduld, bis sich das Resultat auch wirklich sehen lassen kann.

Heute aber bin ich nur zum Beobachten hier. Und dafür ist der Tag günstig. Durch die tickenden Geräusche aus meinem Bat-Detektor wird es deutlich: Die Fledermäuse jagen unermüdlich nach Insekten. Hat eine Fledermaus ein Insekt geortet, werden die Intervalle zwischen den Rufen immer kürzer und wenn sie es glücklich im Maul hat, verstummen die Laute so lange, bis sie es geschluckt hat. In dieser Zeit fliegt die Fledermaus also »blind«. Fledermäuse fliegen oft die ganze Nacht. Dabei nehmen sie bis zur Hälfte ihres Körpergewichtes an Insekten auf. Sie brauchen eine gewisse Energiereserve, denn Fledermäuse können nur bei schönem Wetter jagen. Bei Regen versagt ihr Radar.

FLEDERMAUSDETEKTOR:

Fledermäuse senden zur Ortung von Beute, zur Orientierung sowie zur Kommunikation Töne aus, die im Ultraschallbereich zwischen 20 und 100 Kilohertz liegen und daher für das menschliche Ohr nicht wahrnehmbar sind. Der Fledermausdetektor transformiert die hochfrequenten Rufe in hörbare Laute.

Da jede Fledermausart ihre eigene Rufcharakteristik hat und ihren eigenen Frequenzbereich nutzt, kann die Art mit Hilfe des Fledermausdetektors erkannt werden.

NACHTSICHTGERÄT:

Nachtsichtgeräte sind in der Lage, vorhandenes Restlicht, wie z.B. Mond-, Sternen- und Stadtlicht aufzuhellen. Hierbei trifft das vorhandene Licht über ein lichtstarkes Objektiv auf eine Bildverstärkerröhre, die das Licht extrem verstärkt. Dieses extrem verstärkte Licht wird vom Beobachter als grünes, helles und gut sichtbares Objekt wahrgenommen.

Bei völliger Dunkelheit kann das Objekt auch mit einem Infrarotstrahler angestrahlt werden. Die Infrarotstrahler haben allerdings nur eine begrenze Reichweite.

Lichtimpulse

Auf meinem nächtlichen Heimweg glimmt etwas im Gras. Im ersten Moment denke ich, ein verantwortungsloser Raucher hätte einen glimmenden Zigarettenstummel weggeworfen. Als ich näher komme, entdecke ich jedoch den Urheber dieser eigenartigen Lichtquelle – ein Glühwürmchen!

Glühwürmchen, wie die Tiere im Volksmund genannt werden, gehören zur Gruppe der Käfer – genauer genommen handelt es sich um Leuchtkäfer. Der etwas irreführende Name stammt daher, dass die weiblichen Leuchtkäfer unserer beiden heimischen Arten auch als erwachsene Tiere ihre madenförmige Gestalt behalten und flugunfähig bleiben. Sowohl beim Großen als auch beim Kleinen Leuchtkäfer senden die weiblichen Tiere mit ihren an der Unterseite des Hinterleibs gelegenen Leuchtorganen Lichtimpulse aus. Damit locken sie, meist auf einem Grashalm sitzend, die flugfähigen Männchen an. Die sogenannte Biolumineszenz ist im Tierreich einzigartig. Weltweit gibt es etwa 2000 Leuchtkäferarten. Bei manchen Arten können beide Geschlechter fliegen. Bei diesen Leuchtkäfern leuchten in der Regel die männlichen Tiere.

Ich bin neugierig, um welche Art es sich hier handelt. Im Licht meiner Taschenlampe kann ich es erkennen: Das vor mir auf dem Grashalm sitzende Weibchen ist fast zwei Zentimeter lang. Da die Weibchen des Kleinen Leuchtkäfers nur etwa einen Zentimeter groß werden, handelt es sich hier eindeutig um ein Weibchen des Großen Leuchtkäfers.

Kapitel 2

Balz und Paarung

Eine laue Frühlingsnacht, die Wiese noch feucht vom Regen der vergangenen Tage – die Bedingungen sind einfach ideal: Heute möchte ich die Paarung des Laubfrosches fotografieren. In solchen Nächten und nach Regen sind die Laubfrösche besonders aktiv und ihre Paarungsbereitschaft ist sehr hoch.

Noch ist von den Laubfröschen nichts zu hören. Das Konzert beginnt aber auch erst mit Einbruch der Dunkelheit. Ich habe noch genügend Zeit, meine Ausrüstung aufzubauen und mich mit meiner Wathose wasserfest einzukleiden.

Aus der Wiese dringen die Rufe der Feldgrillen an mein Ohr. Der Gesang der Feldgrille ist von Mai bis Juli an warmen, sonnigen Tagen vom frühen Nachmittag bis in die Nacht hinein zu hören. Meist wird direkt vor der Höhle musiziert. Dadurch können sich die Tiere bei Gefahr rasch in Sicherheit bringen. Mit ihrem Gesang werben die männlichen Grillen um die Gunst ihrer Weibchen. Die zirpenden Laute entstehen, indem die Vorderflügel leicht angehoben und aneinander gerieben werden. Dieser Lockgesang wird von den Weibchen etwa 50 m weit gehört. Die Gehörorgane der weiblichen Grillen befinden sich an den Vorderbeinen. Dank dieser nach vorn gerichteten Organe können die Weibchen zielsicher auf die Männchen zuwandern.

Mit Einkehr der Dunkelheit werden auch die Laubfrösche aktiv. Zunächst ertönt der Ruf eines einzelnen Männchens. Das rhythmische »äpp ... äpp ... äpp ... äpp« wird über die große Schallblase an der Kehle der Tiere so verstärkt, dass der Ruf kilometerweit hörbar ist. Angeregt durch den Ruf des ersten Männchens stimmen immer mehr Frösche ein. Das Konzert wird ohrenbetäubend. Die beste Chance hat, wer am lautesten schreit. Die weiblichen Laubfrösche lassen sich gerne von den lauten Rufen der Männchen anlocken. Hat sich ein Weibchen für eines der Männchen entschieden, steigt der Auserwählte auf ihren Rücken und umklammert seine Partnerin mit den Vorderbeinen so lange, bis sie abgelaicht hat und der Laich befruchtet ist. Dies dauert in der Regel mehrere Stunden, manchmal sogar mehrere Tage.

Ich schleiche mich vorsichtig in die Richtung, aus der die meisten Rufe ertönen. Doch obwohl ich den See angestrengt absuche, kann ich in der Dunkelheit kein einziges Tier entdecken. Als ich die Taschenlampe einschalte ist schlagartig Ruhe und im Lichtkegel erkenne ich nur noch die ringförmigen Wellen an den Stellen, an denen die Tiere abgetaucht sind. Ist das Licht doch zu hell? Ich dimme meine Lampe und tatsächlich bleibt ein Laubfrosch sitzen. Nach der ersten Blitzlicht-Aufnahme ist aber auch dieses Tier verschwunden. Im Laufe der Nacht bekomme ich aber immer wieder den einen oder anderen Sänger vor die Linse. So ist am Ende die Ausbeute an brauchbaren Aufnahmen gar nicht so schlecht.

Tagsüber lassen sich Laubfrösche wesentlich einfacher fotografieren. Sie verbringen die heiße Tageszeit gut getarnt in der schattigen Ufervegetation. Meist sitzen sie starr und unbeweglich auf Blättern und Zweigen der Sträucher und Wasserpflanzen. Man benötigt schon ein geschultes Auge, um die grünen Kerle überhaupt zu entdecken. Doch hat man erst einmal einen Frosch gefunden, bleibt dieser meist sehr geduldig und überaus fotogen sitzen.

O – Die Wechselkröte balzt in vegetationsarmen Tümpeln von Kiesgruben. Dort lassen die Männchen mit aufgeblasenem Kehlsack ihre weit hörbaren Rufe ertönen. **QR 7**

U – Laubfrösche besiedeln vegetationsreiche Seen und Teiche. Ihre Balzlaute, ein weithin hörbares „rät… rät…rät“, ertönen mit Einbruch der Dunkelheit. **QR 8**

Grasfrösche wandern im zeitigen Frühjahr kilometerweit zu ihren Laichgewässern. Finden sich die Partner bereits auf der Anreise, setzt sich das Männchen auf den Rücken des Weibchens und klammert sich mit seinen Hinter- und Vorderbeinen fest. So wird es dann den Rest des Weges bis zum See getragen. QR 9

Als ich die Ausrüstung einpacke höre ich aus einer der benachbarten Hecken das Lied einer Nachtigall. Die melodischen Klänge heben sich deutlich von den monotonen Rufen der Laubfrösche ab. Die Nachtigall ist eine der wenigen Vogelarten, die auch bei völliger Dunkelheit singen. Dann mischt sich ihr Gesang mit viel weniger anderen Gesängen. Daher hören wir ihn auch so klar und schön.

Für uns Menschen ist der Gesang einer Nachtigall etwas ganz Besonderes. Er ist außerordentlich komplex und besteht aus einer Vielzahl aneinandergereihter Strophen, die von Zeit zu Zeit von schluchzenden Tönen durchbrochen werden. In vielen bedeutenden Gedichten, Romanen, Märchen und Liedern ist vom wunderschönen Gesang dieses Vogels die Rede.

In unserem Volksglauben kündigt die Nachtigall mit ihrem Gesang das Frühjahr an. Von April bis Mai ertönen dann die Gesänge der unverpaarten Männchen oft die ganze Nacht hindurch, mitunter sogar am Tage. Der Gesang dient dem Anlocken einer Partnerin sowie zur Revierverteidigung. Je abwechslungsreicher und lauter er vorgetragen wird, desto mehr Anziehungskraft hat er auf die Weibchen und desto abschreckender wirkt er an den Reviergrenzen auf die Rivalen. Hat ein Paar zusammengefunden, beginnt das Weibchen mit dem Nestbau. Die Nester werden am Rand größerer Büsche und Hecken direkt am Boden gebaut und mit Moos oder Grashalmen ausgekleidet. In dieses Nest werden nach der Paarung 4-6 grünliche Eier gelegt, die zwei Wochen lang bebrütet werden. In der Regel wird lediglich einmal im Jahr gebrütet.

Auf dem Heimweg dringt aus einer Hecke am Wegrand ein lautes Schnaufen, Fauchen und Rascheln an mein Ohr. Ich bleibe wie angewurzelt stehen und lausche. Wer könnte das sein? Von der Lautstärke her denke ich zunächst an ein Wildschwein. Angestrengt starre ich in die Richtung, aus der die Geräusche kommen, kann aber nichts entdecken. Offenbar sind die Tiere, um die es sich hier handelt, doch ziemlich klein. Erst als ich die Taschenlampe einschalte, erkenne ich im Lichtkegel zwei Igel, die so sehr mit sich selbst beschäftigt sind, dass sie mich gar nicht beachten. Einer der Igel, vermutlich das Weibchen, wird vom anderen regelrecht bedrängt. Mit spitz aufgestellten Stacheln und lautem Fauchen versucht es, den Verfolger abzuwehren. Der Freier gibt aber nicht so schnell auf und hindert das Weibchen am fortlaufen, indem er dieses laut schnaufend und niesend umrundet. Offensichtlich ist das Weibchen noch nicht paarungsbereit. Sonst würde es sich mit angelegten Stacheln besteigen lassen und dem Kavalier nicht die stachelbesetzte Körperseite zeigen.

Angelockt von den lauten Geräuschen mischt sich plötzlich ein weiterer Igel ins Geschehen ein. Mir wird schnell klar, dass es sich hier um ein weiteres Männchen handelt, das die Gunst der Stunde nutzen möchte. Doch das erste Männchen denkt gar nicht daran, den Rivalen zum Zuge kommen zu lassen und greift diesen keckernd und schnaufend an. Die beiden schubsen und drängeln, schnaufen und beißen. Es dauert einige Minuten, bis sich der Nebenbuhler zurückzieht und das Feld räumt. Als sich der Sieger wieder dem Weibchen zuwendet, hat es die Gelegenheit zur Flucht genutzt und ist verschwunden – Pech gehabt!

Igel leben gerne im Bereich menschlicher Siedlungen, denn in den Gärten finden sie genügend Nahrung. Während der Paarungszeit legen die Tiere auf der Suche nach einem Partner Nacht für Nacht große Strecken zurück. Da Igel bei Gefahr nicht flüchten, sondern sich zusammenrollen, werden viele Tiere bei der Überquerung von Straßen überfahren. **QR 10**

ↄ – Auf dem Speiseplan der Igel stehen zahlreiche Insekten, Würmer und Schnecken. Dank seiner Vorliebe
ür diese „Schädlinge“ ist er bei Gartenbesitzern ein gerne gesehener Gast.

J – Trifft während der Paarungszeit ein Männchen auf ein Weibchen, wird dieses sogleich lautstark um-
worben. Die schnaufenden und fauchenden Geräusche sind oft stundenlang hörbar.

Gartenschläfer leben bevorzugt in sonnenbeschienenen Weinbergmauern. Während der Paarung, die sich im Frühsommer abspielt, sind nachts oft lautstarke Auseinandersetzungen, wilde Verfolgungsjagden und erbitterte Kämpfe zu beobachten

Der Baumschläfer hat eine ähnliche Gesichtszeichnung wir der Gartenschläfer. Beide sind gut vom Siebenschläfer zu unterscheiden. Alle Bilche halten eine lange Winterruhe und müssen sich dafür einen gehörigen Winterspeck anfressen

Die Brunft der Rothirsche ist für jeden Naturliebhaber ein besonderes Ereignis. Und da es in unserer Gegend nur einen Ort gibt, an dem das Schauspiel in freier Wildbahn beobachtet werden kann, herrscht dort von September bis Oktober ein entsprechender Andrang. Wenn möglich, meide ich solche Orte, denn ich bevorzuge für meine Arbeit die Ruhe und Abgeschiedenheit. Aber heute mache ich mich dennoch auf den Weg zu der Waldlichtung, die für Besucher frei gegeben wurde. Als ich ankomme, ist die Beobachtungskanzel, auf der etwa 30 Personen Platz haben, bereits nahezu voll. Auch recht. Als Fotograf stehe ich ohnehin lieber mit den Tieren auf Augenhöhe. Ich geselle mich zu einer Gruppe von Fotografen, die am Waldrand hinter einer Sichtschutzwand Stellung bezogen hat. Ein kurzer Austausch, und während auch ich meine Fotoausrüstung auspacke, erfahre ich dass die Hirsche allmählich die Scheu vor uns Menschen verlieren und trotz der vielen Leute immer dichter an den Beobachtungsplatz herankommen. Offenbar zeigt die neue Jagdstrategie, wonach die Hirsche seit einigen Jahren nicht mehr über die Ansitzjagd, sondern nur noch über die Treibjagd erlegt werden, erste Früchte. Denn wenn der Mensch nicht mehr als unmittelbarer Feind wahrgenommen wird, brauchen ihn die Tiere auch nicht mehr zu fürchten.

Noch vor dem Einsetzen der Dämmerung dringen aus dem Wald von verschiedenen Seiten die ersten Brunftschreie an mein Ohr. Sie kommen immer näher. Dann tritt ein Rudel, bestehend aus sechs Hirschkühen und vier Kälbern, auf die Waldwiese und beginnt zu fressen. Die Kameras um mich herum beginnen zu klicken. Hinter mir klingelt ein Handy und der Besitzer berichtet »live«, was er auf der Lichtung beobachten kann. Ich bin sprachlos. Die Leitkuh kann die Geräusche mit Sicherheit hören. Aber sie reagiert völlig gelassen. Noch vor einigen Jahren wären die Tiere im gestreckten Galopp davongerannt!

Der Rothirsch sorgt durch eine stolze Gangart, ein majestätisches Geweih und die laut röhrenden Rufe für die Aufmerksamkeit in seinem „Harem“. Weil dieses Imponiergehabe aber sehr kräftezehrend ist und ein Platzhirsch kaum Zeit zum Fressen hat, verliert dieser während der Brunft eine Menge Gewicht. QR 11

Das Kahlwild zeigt sich vom Imponiergehabe der Hirsche nur wenig beeindruckt. Sie beobachten das Geschehen zwar sehr genau, lassen sich aber weder beim Fressen, noch bei ihren sonstigen Aktivitäten aus der Ruhe bringen. Der Hirsch riecht, wenn ein Weibchen paarungsbereit ist und verfolgt es so lange, bis es stehen bleibt und sich begatten lässt.

Mit ein paar Minuten Verspätung erscheint auch der Platzhirsch röhrend am Waldrand. Offenbar kann er sich noch nicht so recht entscheiden, ob er einen ebenfalls laut röhrenden Nebenbuhler im Wald vertreiben oder sich dem Rudel auf der Wiese zuwenden soll. Schließlich steckt er seine Nase in den Wind und folgt dem Rudel.

Die Hirschkühe geben sich desinteressiert und fressen in aller Ruhe, obwohl sich der Hirsch als echter Macho mächtig in Positur stellt und immer wieder aus Leibeskräften röhrt. Zwischendurch nähert er sich mit nach vorn gestrecktem Kopf einer Hirschkuh nach der anderen und schnuppert den davonlaufenden Weibchen interessiert nach. Schließlich kristallisiert sich ein Tier heraus, das immer wieder stehen bleibt und den Hirsch deutlich dichter an sich heranlässt. Auch er scheint besonders interessiert zu sein. Immer wieder beginnt er sie zu treiben und immer dichter lässt sie ihn an sich heran. Schließlich signalisiert sie ihm ihre Paarungsbereitschaft, indem sie mit gekrümmtem Rücken und gesenktem Haupt stehen bleibt. Er beleckt sie ausgiebig und reitet schließlich von hinten auf. Dabei umklammern seine Vorderläufe den Rumpf des weiblichen Tieres. Nach nicht einmal einer Minute ist die Begattung auch schon wieder vorbei.

Das weibliche Tier gesellt sich wieder zum Rudel und frisst, als wäre nichts geschehen. Der Platzhirsch muss sich jetzt um die Verteidigung seines Rudels kümmern, denn der Nebenbuhler ist inzwischen ebenfalls aus dem Wald ausgetreten und kommt dem Rudel zielstrebig immer näher. Dies versetzt den Platzhirsch in höchste Aufregung. Laut rufend schreitet er auf den Eindringling zu. Doch auch dieser lässt sich nicht beeindrucken und reagiert mit eindeutigem Imponiergehabe. Beide Kontrahenten nähern sich bis auf etwa 10 Meter und stolzieren dann nebeneinander her. Dann senkt der Platzhirsch sein Haupt und rennt auf den Rivalen zu. Dieser bringt sich ebenfalls in Stellung, um die Attacke abwehren zu können. Mit lautem Knall prallen die Geweihstangen frontal aufeinander. Mit ineinander verkeiltem Geweih versucht jeder der Beiden, seinen Gegner vom Platz zu schieben. Der Platzhirsch scheint stärker zu sein, denn obwohl auch der Rivale seine ganze Kraft einsetzt, wird er nach und nach mehrere Meter weit nach hinten geschoben. Nach einigen Minuten gibt der Herausforderer auf und rennt im gestreckten Galopp davon. Der Platzhirsch zeigt nochmals, wer hier der Stärkere ist. Er rennt dem flüchtenden Hirsch hinterher. Erst als dieser im Unterholz des Waldes verschwindet, wendet sich der Sieger erneut seinem Rudel zu. Die Damen haben dem Kampf die ganze Zeit über mehr oder weniger interessiert zugeschaut. Nachdem die Rollen jetzt aber wieder klar verteilt sind, widmen sie sich wieder verstärkt der Nahrungsaufnahme.

Das Brunftgeschehen dauert an, so lange das Rudel mit Fressen beschäftigt ist, in der Regel etwa 6-7 Stunden am Tag. Da der Platzhirsch in dieser Zeit fast gar nicht zum Fressen kommt, ist er am Ende der Brunft oftmals so abgekämpft, dass er einem Rivalen weichen und das Rudel verlassen muss. Dadurch kommen am Ende der Brunftzeit auch andere Hirsche zum Zug.

Allmählich wird es Nacht und der Höhepunkt scheint für heute vorbei zu sein. Die zahlreichen Zuschauer, die ihre Begeisterung kaum mehr für sich behalten können, rüsten sich für den Aufbruch, und auch ich nutze diese Gelegenheit und packe leise meine Sachen.

Ein letztes Mal greife ich zum Fernglas und blicke zum Rudel hinüber, das immer noch friedlich grasend auf der Waldlichtung steht. Und obwohl sich die Tiere von uns Zuschauern kaum mehr beunruhigen lassen, nehme ich an, dass auch sie froh sind, dass sie für den Rest der Nacht ihre Ruhe haben.

Der Marderhund ist ein scheuer Waldbewohner, der aus russischen Pelztierfarmen entflohen ist und sich seither nach Westen ausbreitet. Die überwiegend nachtaktiven Tiere verbringen den Tag im dichten Unterholz oder in verlassenen Fuchs- und Dachsbauten. Sie sind in freier Wildbahn nur sehr schwer zu beobachten.

Der Waschbär kommt ursprünglich aus Nordamerika. Wegen seines Fells wurde er aber in Pelztierfarmen gezüchtet. Von dort sind die geschickten Tiere im 19. Jahrhundert ausgebrochen. Seither breiten sich die Tiere in Europa immer weiter aus. Die Tiere sind recht gesellig und leben gerne in der Nähe menschlicher Behausungen. Da die nachtaktiven Tiere aber sehr scheu sind, werden sie nur selten beobachtet. **QR 12**

In Gegenden, in denen der Feldhase noch bestandsdeckend vorkommt, lassen sich zur Paarungszeit impo
sante Schauspiele beobachten. Meist versammeln sich mehrere Männchen um ein Weibchen. Die Rivalen
liefern sich wilde Verfolgungsjagden und erbitterte Boxkämpfe. Je mehr Männchen versammelt sind, desto

mehr wird das Weibchen verfolgt und bedrängt. Durch schnelle Sprints und wildes Hakenschlagen versucht es seine Verfolger abzuschütteln. Nur der hartnäckigste Verfolger, der alle Gegner in die Flucht schlagen konnte und sich nicht abschütteln ließ, kommt letztendlich zum Zug.

Weinbergschnecken sind, wie alle Schneckenarten, Zwitter. Treffen zwei Weinbergschnecken aufeinander, heften sie sich diese Fuß an Fuß aneinander und injizieren sich gegenseitig mit ihrem nadelartigen Penis die Spermien in den Leib. Die Paarung der Schnecken dauert oft viele Stunden.

Bei den Hirschkäfern besitzen die Männchen riesige, geweihartig ausgebildete Mundwerkzeuge. Mit diesen Zangen liefern sich die Tiere in Anwesenheit der Weibchen erbitterte Kämpfe. Jeder versucht seinen Gegner vom Stamm zu hebeln und in die Tiefe zu werfen. Der Stärkere, der am Schluss übrig bleibt, wird sich mit dem Weibchen paaren.

Im Gegensatz zu vielen anderen Eulen ist der Steinkauz auch am Tage aktiv. In ungestörten Gegenden kann selbst die Paarung am Tage beobachtet werden. Dabei sitzen die Vögel zunächst nebeneinander auf dem Ast, bevor das Weibchen sich nach vorn beugt und das Männchen auf seinem Rücken landet. QR 13

Ist die Paarung vorbei, muss so schnell wie möglich das Nest für den Nachwuchs gerichtet werden. Die Haselmaus bereitet die Geburt ihrer Jungen vor, indem sie geeignete Materialien – Blätter, Halme, Moos und Tierhaare – sammelt und die Kinderstube damit auskleidet. Als Geburts- und Jungenaufzuchtstelle dienen Vogelnistkästen, Spechtlöcher und natürliche Baumhöhlen.

Kapitel 3

Jungenaufzucht

QR 29

Bereits im Dezember habe ich an einem großen, ruhig gelegenen Fuchsbau die Spuren mehrerer Füchse entdeckt. Danach allerdings schien der Bau wieder unbewohnt zu sein. Bei genauer Betrachtung fand ich vor kurzer Zeit im Eingangsbereich mehrerer Röhren rötliche Haare – oftmals das einzige Zeichen, das die Anwesenheit des Fuchses verrät.

Jetzt, Anfang Mai, hat sich das Bild komplett gewandelt. Vor den Ausgängen des am Rande einer großen Baumhecke gelegenen Baus wurde das Gras niedergetrampelt. Fellreste und Knochen liegen herum – die Anwesenheit einer Fuchsfamilie ist nicht mehr zu übersehen. Und zudem ist der sonnenbeschienene Bau zum Fotografieren und Filmen wunderbar geeignet.

Die Jungfüchse müssten nach meiner Berechnung bereits zwei bis drei Monate alt sein. In diesem Alter verlassen die Kleinen auch tagsüber den Bau, um in der Sonne zu spielen. Obwohl die Sonne noch hoch steht packe ich also meine Fotoausrüstung aus und setze mich zwanzig Meter vom Bau entfernt in die Wiese. Zur Tarnung schneide ich ein paar frische Buchenzweige ab und stecke diese vor dem Stativ in den Boden.

Nach einer Stunde Wartezeit erscheint ein erster Jungfuchs auf einem der Spielplätze vor dem Bau. Ohne mich zu bemerken, sucht er sich einen Knochen, legt sich in die Sonne und kaut darauf herum. Ein zweiter Welpe erscheint in einer anderen Röhre. Er schleicht vorsichtig von hinten an und versucht dem Bruder den Knochen streitig zu machen. Nach kurzem Kampf gibt er aber auf und sucht sich ein eigenes Spielzeug. Nach und nach erscheinen immer mehr Jungtiere vor dem Bau. Ich zähle sieben Stück, bin mir jedoch nicht ganz sicher. Die kleinen Füchse verschwinden immer wieder im Bau, um kurze Zeit später wieder aus einer anderen Röhre zum Vorschein zu kommen.

Jungfüchse vertreiben sich die Zeit mit verschiedensten Spielen: Am beliebtesten ist Versteck spielen im Bau und im hohen Gras, anschleichen an die Geschwister, den Schwanz des anderen fangen oder ihm seine Spielsachen abjagen. Sie können nicht genug davon bekommen. Sind sie endlich erschöpft, gibt es eine ausgiebige Ruhepause. Offenbar macht die warme Frühlingssonne schläfrig.

Ich kann mich kaum satt sehen, aber nach etwa einer Stunde verschwinden die kleinen Kerle nach und nach im Bau. Ich frage mich, ob die Mutter noch im Bau schläft oder ob sie sich einen ruhigeren Platz in der näheren Umgebung gesucht hat und sich von dort aus direkt zur Nahrungssuche aufmacht. Um das herauszufinden muss ich allerdings noch bis zur Dämmerung warten, denn vorher wird die Mutter meist nicht aktiv.

Junge Füchse verlassen bereits im Alter von fünf bis sechs Wochen den schützenden Bau. Anfangs wagen sie sich nur in der Dämmerung und im Beisein ihrer Mutter vor den Bau, doch schon mit acht Wochen kommen sie auch tagsüber und ohne ihre Mutter nach draußen. Die Jungen schauen sich neugierig um. Jedes Geräusch und jede Bewegung wird analysiert und genauestens begutachtet. Sind die jungen Füchse müde, dösen sie nicht selten in der Sonne.

Erscheint die Mutter am Bau, wird sie von den Jungen sofort stürmisch begrüßt und zum Spielen aufgefordert. An ungestörten Plätzen spielen die Jungen oft stundenlang in der Sonne. Eines ihrer beliebtesten Spiele ist das Anschleichen und Anspringen eines unaufmerksamen Geschwisterfuchses oder das Fangen eines fremden Schwanzes.

Am Bau regt sich also zunächst nichts mehr. Dennoch vergeht die Zeit bis zur Dämmerung im Flug, denn in der abwechslungsreichen Wiesen-Hecken-Landschaft ist immer etwas zu beobachten. In der Dämmerung höre ich vom Bau her ein seltsam keckerndes Geräusch. Wie aus dem nichts steht die Fähe urplötzlich an dem Platz, an dem die Jungen zuvor gespielt haben. Allein an der Tatsache, dass die Fähe ein Beutetier – vermutlich einen jungen Feldhasen – im Maul trägt, sehe ich, dass sie von außen gekommen ist. Ich kann mir gut vorstellen, dass sie von der gegenüberliegenden Talseite auf den Bau zugelaufen ist. Mein Glück – denn wäre die Fähe von hinten gekommen, oder hätte sie den Bau weiträumig umrundet, wie das die Füchse häufig machen, wäre ich unweigerlich entdeckt worden.

Die jungen Füchse kommen auf den Ruf hin aus dem Bau gelaufen um die Mutter von allen Seiten zu begrüßen. Dann beginnt der Streit um das mitgebrachte Futter. Jeder der sieben Jungen beansprucht den Hasen für sich allein. Die Mutter verteidigt den Brocken und zerlegt ihn schließlich in mehrere Teile. Aber auch um diese Rationen wird noch heftig gestritten. Wer ein Teil ergattert hat, sucht damit das Weite.

Nach und nach kehren die Jungen zurück, und fordern ihre Mutter zum Spielen auf. Einer der Jungen möchte trinken. Keine Chance, die Füchsin schubst ihn weg. Junge Füchse werden etwa sechs Wochen lang gestillt und anschließend dann nur noch mit fester Nahrung versorgt. Neben Feldhasen und Mäusen schleppt die Mutter auch Amphibien, Vögel, Haustiere und Aas an den Bau. Der Rüde beteiligt sich ebenfalls an der Aufzucht des Nachwuchses, deponiert die Beute aber in der Regel in der Nähe des Baus und überlässt der Fähe das Füttern.

Die sieben kleinen Füchse haben offenbar noch nicht genug. Sie hören nicht auf, ihre Mutter zu bedrängen und schließlich sieht sie es ein. Sie verlässt ihre Schar und macht sich wieder auf, Nahrung zu suchen. Erst im Alter von etwa 3 Monaten begleiten die Jungfüchse ihre Mutter auf die Jagd.

Aus dem hinter mir liegenden Waldrand dringen die heißeren Bettelrufe junger Waldkäuze an mein Ohr. So wie es sich anhört, haben die jungen Käuze ihre Kinderstube bereits verlassen und sitzen als Ästlinge in den Bäumen. In dieser Zeit lassen sich die jungen Eulen, wenn sie auf einem niedrigen Ast sitzen, leicht fotografieren. Sollte ich da ein weiteres schönes Motiv vor die Linse bekommen? Ich verlasse die jungen Füchse und laufe den Rufen der Käuze entgegen. Schon aus der Ferne höre ich an den Bettelrufen, dass sie gerade gefüttert werden. Als ich den Waldrand erreiche, streicht gerade ein erwachsener Kauz durchs Blätterdach davon.

Mit Hilfe der Taschenlampe kann ich zwei junge Waldkäuze entdecken. Sie sitzen nicht allzu hoch im dichten Geäst eines Strauches. Vermutlich haben sie die Bruthöhle, in der sie vor etwa einem Monat geboren wurden, noch nicht lange verlassen. Die flugunfähigen Jungvögel stürzen sich beim Verlassen ihrer Behausung auf den Waldboden, laufen dann aber gleich zu einem geeigneten Strauch oder Baum. Daran klettern sie hinauf, um sich vor ihren Feinden in Sicherheit zu bringen. Bis die Vögel im Alter von etwa zwei Monaten flugfähig sind, sitzen sie als sogenannte »Ästlinge« gut getarnt im dichten Blätterdach der Bäume und Sträucher. In dieser Zeit werden sie von den Altvögeln mit Feld- und Waldmäusen, Ratten, Kleinvögeln und Amphibien gefüttert.

Bei den Jungen ist es jetzt still. An der Stelle, an der sie so geschützt sitzen, kann ich sie wegen der vielen Äste nicht fotografieren. Da ist es besser, ich verstecke mich in einiger Entfernung und warte auf die Rückkehr der Eltern.

Nach einer halben Stunde Wartezeit ruft aus einiger Entfernung ein Altvogel. Mit meinem Fernglas kann ich im Schein des Mondes die Jungen noch gut erkennen. Sie antworten mit lauten Bettelrufen. Der Altvogel gleitet lautlos heran. Er hält eine Maus im Schnabel, landet in der Nähe der Jungen und ruft erneut. Er ist sehr vorsichtig. Hat er mich etwa entdeckt, frage ich mich. Die Jungen betteln aber so heftig dass die erwachsene Eule, hinüberfliegt. Sie übergibt die Maus an eines der Jungen und fliegt sofort wieder davon.

Ich bin mir nach wie vor nicht sicher, ob mich die Altvögel entdeckt haben und sich deshalb recht ängstlich verhalten. Es ist wohl besser, ich schleiche mich heimlich davon. Allerdings nehme ich mir vor, bei Tageslicht zurückzukommen und die flauschigen Jungvögel am Tage zu fotografieren.

Der Waldkauz fliegt völlig lautlos durch das dichte Geäst des Waldes. Er verlässt sich beim Flug durch die Nacht ausschließlich auf seine großen, dämmerungsempfindlichen Augen. QR 14

Bei der Aufzucht der jungen Schleiereulen helfen beide Eltern mit. In Mäusereichen Jahren zieht ein Schleiereulenpaar bis zu zwölf Jungvögel auf. Da die Schleiereule bereits mit dem ersten Ei anfängt zu brüten, sind die Jungvögel unterschiedlich groß.

Schleiereulen brüten bevorzugt in Scheunen, Ställen sowie im Dachstuhl älterer Häuser und in Kirchtürmen. Tagsüber sitzen die nachtaktiven Tiere gut versteckt in einer dunklen Ecke. Bei Gefahr machen sie sich klein und schlank, kneifen die Augen eng zusammen und erstarren in völliger Bewegungslosigkeit.

Am nächsten Tag bekomme ich einen Anruf: Eine Kollegin hat in ihrer Wochenendhütte über Wochen Siebenschläfer gefüttert, die sich dort eingenistet hatten. Inzwischen sind die Tiere so an sie gewöhnt, dass sie sich problemlos fotografieren lassen. Sogar im Schein einer Filmleuchte sind sie aktiv! Solche Voraussetzungen sind der Traum eines jeden Naturfilmers. Noch am selben Abend treffen wir uns bei der Hütte. Sie ist massiv gebaut, aber im Bereich des Dachstuhls sehe ich eine kleine Spalte in der Verschalung. Damit steht sie den Siebenschläfern offen. Innen ist das Wochenendhäuschen eingerichtet wie ein Fotostudio aus Großmutters Zeiten. Für die kleinen Bilche haben wir Früchte, Nüsse und andere Leckereien mitgebracht, die wir auf Tischen und Schränken verteilen. Dann packen wir die Kameras aus und warten ab. Es dauert eine ganze Weile, bis der erste Siebenschläfer hinter dem Schrank hervorschaut. Er ist sehr vorsichtig und traut sich nicht wirklich in unsere Nähe. An mich ist er nicht gewöhnt. Stört ihn meine Anwesenheit? Als jedoch ein zweiter Bilch aus einer anderen Ecke hervorkommt und sich aufgeregt über das ausgelegte Futter hermacht, nimmt auch er allen Mut zusammen und kommt näher. Der Größe nach handelt es sich bei beiden eindeutig um ausgewachsene Siebenschläfer. Nach kurzem, lautstarkem Gerangel fallen sie gierig über die ausgelegten Äpfel, Birnen und Körner her. Fast könnte man den Eindruck gewinnen, die kleinen Tiere hätten schon wochenlang nichts mehr gefressen. Vermutlich ist aber der lange Winterschlaf die Ursache dafür, dass sie so gierig sind. Der Winterschlaf der Siebenschläfer dauert, wie der Name schon sagt, mehr als sieben Monate. Wer so lange schläft, muss den Spätsommer nutzen und sich ein großes Fettpolster anfressen. Davon ist allerdings dann auch nach dem Winter nichts mehr übrig. Die Schmatzgeräusche rufen auch die Jungen auf den Plan. Möglicherweise haben sie den Tag in einer der Pappschachteln auf dem Schrank verschlafen. Einer nach dem Anderen erscheint auf dem Küchenschrank und klettert mehr oder weniger geschickt nach unten. Vermutlich sind sie Anfang August zur Welt gekommen, dürften jetzt also ungefähr vier Wochen alt sein. Bis zum Winterschlaf, der bei den Siebenschläfern bereits spätestens Anfang Oktober beginnt, müssen die Jungtiere ihr Gewicht noch mindestens verdoppeln. Daher fressen die jungen Siebenschläfer mit Vorliebe fettreiche Nahrung wie Bucheckern, Eicheln und Nüsse.

Auch die jungen Siebenschläfer haben großen Hunger. Wir haben unsere mitgebrachten Leckereien an den verschiedensten Stellen versteckt. Aufgeregt machen sich die kleinen Kerle auf die Suche. Dabei lassen sie kein Versteck aus. Es macht Spaß zu beobachten, wie sie sich in jeden noch so kleinen Spalt zwängen und selbst glatte Wände und Möbelflächen hochklettern, um an die Leckerbissen zu gelangen. Selbst vor waghalsigen Sprüngen schrecken sie nicht zurück – auch wenn es manchmal schief geht und die Tiere dadurch eine harte Bauchlandung auf dem Boden hinlegen. Manchmal kann ich mir angesichts der akrobatischen Showeinlagen das Lachen nur schwer verkneifen.

Es ist ganz offensichtlich dass die Tiere an Filmleuchten und Blitzlichter schon gewöhnt sind. Sie zeigen ganz ungeniert ihre natürlichen Verhaltensweisen und wir können sie nach Herzenslust fotografieren und filmen. Die Zeit vergeht wie im Flug. Immer zutraulicher werden die Tiere und wir müssen immer wieder neue Futterhappen verstecken, um die Siebenschläfer bei Laune zu halten. Irgendwann mitten in der Nacht haben wir genug Filmszenen beisammen und die Protagonisten sind satt und müde. In der Hütte kehrt wieder Ruhe ein.

Siebenschläfer sind von Natur aus neugierig. Nichts ist vor ihnen sicher. Jeder Winkel und jede Ritze wird genauestens untersucht. Auf der Suche nach Nahrung klettern die Tiere auf Schränke, Stühle, Tische und Regale und stecken ihre Nase in jeden Becher und jede Vase. Selbst die Gießkanne wird erklettert. QR 15

Junge Siebenschläfer haben nicht viel Zeit um sich ihren Winterspeck für den langen Winterschlaf anzufressen. Entsprechend gierig stürzen sie sich auf alles, was irgendwie verdaulich ist. Äpfel, Birnen, Pflaumen, Getreide und Haferflocken – alles wird gefressen. Selbst bei den Einmachgläsern schauen die Tiere nach, ob sie nicht vielleicht doch an den Inhalt gelangen.

Wie alle Bilche richtet auch der Gartenschläfer seine Geburtsstube bevorzugt in Baumhöhlen oder Vogelnistkästen ein. Die Jungtiere kommen nackt und blind auf die Welt. Damit sie es warm und bequem haben, wird die Wohnung mit Gräsern, Moos, Blättern und Haaren ausgekleidet.

Die jungen Gartenschläfer entwickeln sich sehr schnell. Sie kommen im Juni oder Juli zur Welt und sind bereits nach vierzig Tagen selbstständig. Die für den Gartenschläfer typische Gesichtsmaske wird schon nach ein paar Tagen sichtbar.

Tiermütter bringen ihren Nachwuchs in der Regel an geschützten Orten zur Welt. Der Biber erstellt besonders aufwändige Bauwerke, um sich und seine Jungen vor Feinden zu schützen. Nicht ohne Grund spricht man von Biberburgen. Er baut sie am Gewässerrand aus Stämmen, Ästen und Zweigen und legt sie so an, dass der Eingang immer unter Wasser liegt. Die Wasserstände sind unterschiedlich? Kein Problem: Der Biber staut die Gewässer mit Hilfe seiner Dämme entsprechend auf.

Nachdem der Biber in Deutschland infolge starker Bejagung beinahe ausgerottet war, erobert er sich seit einigen Jahrzehnten dank intensiver Schutzmaßnahmen und gezielter Wiederansiedlungen seine angestammten Reviere sehr erfolgreich zurück. Seine Rückkehr ist nicht unumstritten. Stellenweise richtet er nämlich erhebliche Schäden an. Andererseits schafft er durch das Anstauen kleinerer Bäche wichtige Lebensräume für zahlreiche Wassertiere.

Für mein Leben gern würde ich einmal junge Biber fotografieren. Zudem brauche ich dringend Filmaufnahmen für einen Lehrfilm über Biber. Zu meinem Glück kümmert sich ein befreundetes Ehepaar schon seit Jahren um eine Biberfamilie. In mühevoller Arbeit haben sie sämtliche Familienmitglieder so an sich gewöhnt, dass diese ihre Scheu fast völlig verloren haben. Diese Gelegenheit mache ich mir jetzt zunutze.

Am Nachmittag fahren wir gemeinsam an den Bach, an dem sich die Biberfamilie niedergelassen hat. Schon aus der Ferne ist der große Damm zu erkennen, der den kleinen Wiesenbach zu einem beachtlichen See aufstaut. Am Ufer, geschützt von mehreren großen Weiden, befindet sich die riesige Biberburg, die auf den ersten Blick aussieht, wie ein zufällig aufgeschichteter Haufen Treibholz. Im Innern dieses Haufens befindet sich der Wohnkessel, in dem die Biberfamilie den Tag verbringt.

Junge Biber verlassen schon früh den schützenden Bau. Obwohl sie schon im Alter von acht Tagen pflanzliche Kost zu sich nehmen, werden die Jungen etwa zwei Monate lang gesäugt.

Das Fell des Bibers ist sehr dicht und mit über 20.000 Haaren pro cm^2 perfekt an das Leben im Wasser angepasst. Mit einer speziell ausgebildeten Doppelkralle am Hinterbein wird es regelmäßig gestriegelt und mit dem Bibergeil, einem speziellen Sekret, eingefettet. QR 16

O – Biber sind reine Pflanzenfresser. Neben Gräsern und Kräutern nehmen sie in erster Linie junge Triebe und Blätter von Weichhölzern auf. Um an diese zu gelangen, fällen sie mit ihren Schneidezähnen kleine bis mittelgroße Bäume.

U – Die Fortbewegung im Wasser erfolgt mit Hilfe des flachen, breiten Schwanzes. Dieser dient als Steuer- und Antriebsorgan sowie als Fettdepot und zur Warnung vor Feinden.

Als wir näherkommen entdecke ich drei kleine Biber, die am Ufer sitzen und Weidenzweige fressen. Wenn die drei Anfang Mai zur Welt gekommen sind, dürften sie jetzt ungefähr drei Monate alt sein. In diesem Alter nehmen sie nur noch pflanzliche Nahrung zu sich, denn sie werden nur etwa zwei Monate lang gesäugt. Junge Biber sind Nestflüchter. Im Beisein ihrer Eltern verlassen die Kleinen bereits zwei bis drei Wochen nach ihrer Geburt zum ersten Mal die schützende Biberburg. In diesem Alter erlernen die Jungtiere auch, was sie fressen sollen. Als reiner Pflanzenfresser ernährt sich das größte heimische Nagetier in erster Linie von Weichhölzern, die teilweise ganz gefressen, teilweise aber auch nur entrindet werden.

Die kleinen Biber bemerken uns zwar, als wir die Kameraausrüstung aufbauen, kümmern sich aber nicht weiter um uns. Ich wundere mich, warum die Jungtiere ohne die Begleitung ihrer Eltern unterwegs sind. Später erfahre ich, dass dies ganz normal ist und dass die Eltern spätestens in der Dämmerung erscheinen.

Vom anderen Ufer schwimmt ein weiterer Biber herüber. Offenbar ist auch dieser schon eine Weile aktiv, wir haben ihn gar nicht bemerkt. Der Größe nach handelt es sich um ein Jungtier vom Vorjahr. Junge Biber bleiben zwei Jahre bei ihren Eltern. Erst dann wandern sie ab, um sich einen Partner und ein eigenes neues Revier zu suchen.

Der »halbstarke« Biber hat uns am Ufer entdeckt. Anstatt zu fliehen schwimmt er direkt auf uns zu. Ganz ohne Scheu kommt er immer näher. Einen Meter von uns entfernt stoppt er. Er scheint auf etwas zu warten. Meine Freunde reden mit dem Tier und reichen ihm einen der frisch geschnittenen Weidenzweige, und er zerkaut ihn ganz ungerührt direkt am Ufer.

Zwei stattliche Biber, ganz eindeutig die beiden Alttiere, tauchen einer nach dem anderen vor der Biberburg auf. Das

Männchen schwimmt zu uns herüber. Es bettelt tatsächlich um Futter. Wir reichen auch dem Neuankömmling einige Weidenzweige ins Wasser. Er nimmt sie ganz selbstverständlich, zerkaut sie aber nicht, sondern zieht sie unter die Wasseroberfläche. Versteckt er die Zweige oder bewahrt er sie für schlechtere Zeiten auf?

Das Biberweibchen schwimmt zu den drei am Ufer sitzenden Jungtieren. Nach der Begrüßung setzt sie sich ans Ufer und beginnt mit der Fellpflege. Dazu streicht sie sich mit den Krallen ihrer Hinterbeine durch das dichte Fell. Die jungen Biber schauen zu und machen es ihr nach. Einige Minuten später gleitet sie elegant ins Wasser, fordert ihre Kleinen ganz offensichtlich zum Mitkommen auf. Mit den Jungen im Schlepptau schwimmt sie auf uns zu. Ein faszinierender Anblick!

Als der Rest der Biberfamilie bei uns eintrifft, gibt es Weidenzweige, Karotten und Äpfel. Auf die Äpfel sind die Jungen besonders scharf! Sie fangen sogar an zu betteln und kommen dabei immer näher. Schließlich fressen sie uns aus der Hand und lassen sich dabei weder durch mich noch durch meine Kamera stören. Ungeniert zeigen sie ihre natürlichen Verhaltensweisen. Meine Filmkamera läuft fast ununterbrochen. Ideale Bedingungen für einen Tierfilmer!

Es dauert nicht allzu lange, bis die Biberfamilie sämtliche Mitbringsel verputzt hat. Als dann auch aufdringliches Betteln nicht mehr zum Erfolg führt, verlässt uns einer nach dem anderen und schwimmt zu einer im Wasser liegenden Weide. Diese haben die Biber vor nicht allzu langer Zeit selbst gefällt. Jetzt werden die frischen, nahrhaften Zweige nach und nach verspeist. Dickere Äste werden zur Ausbesserung und Erhöhung des Biberdamms verwendet. Erst als es zu dunkel ist, um noch filmen und fotografieren zu können, packen wir unsere Ausrüstung ein und brechen auf.

Laubfrösche werden im Alter von 1-2 Jahren geschlechtsreif. Die Jungtiere sind von Anfang an auf sich alleine gestellt. Nachts jagen die Frösche in Bodennähe nach allerlei Insekten, während sie den Tag im kühlen, schattigen Blätterdach der Büsche und Bäume verbringen.

Im Gegensatz zu den meisten anderen Amphibienarten, die ihre Eier im Wasser ablegen, bringt der Alpensalamander ein bis zwei voll entwickelte und bis zu vier Zentimeter große, lungenatmende Jungtiere zur Welt. Die Jungtiere sind überhaupt nicht mehr an das Wasser gebunden. Diese Anpassung bietet im Hochgebirge entscheidende Vorteile.

Im Dachstuhl einer Kirche hat sich eine Kolonie von Mausohrmüttern angesiedelt. Die Fledermäuse kommen schon seit vielen Jahren an diesen Ort, um hier ihren Nachwuchs großzuziehen. Und auch ich bin regelmäßig hier, denn ich möchte die Aufzucht der Jungtiere mit meiner Filmkamera festhalten.

Fledermäuse paaren sich bereits im Herbst. Die befruchtete Eizelle reift jedoch erst nach dem Winterschlaf im Mutterleib heran. Die jungen Fledermäuse werden daher hierzulande erst im Mai geboren.

Als ich die Wochenstube der Fledermäuse besuche, ist es bereits Juni. Dicht gedrängt hängen etwa 200 Tiere direkt über mir an der Decke. Im Schein meiner Taschenlampe erkenne ich zwischen den Müttern das deutlich grauere Fell der Jungtiere. Jetzt am späten Nachmittag ist es in der Kolonie verhältnismäßig ruhig. Die meisten Tiere scheinen zu schlafen. Vermutlich wegen des Lichts meiner Taschenlampe sind vereinzelt die hohen Kontaktlaute und Bewegungen wahrzunehmen.

Das Leben in der Kolonie bietet den Müttern und Kindern Schutz und Sicherheit. Außerdem halten sich die Fledermäuse gegenseitig warm und sparen dadurch Energie.

Ich habe dann doch den Eindruck, dass sich die Tiere durch meine Anwesenheit gestört fühlen. Besser ich ziehe mich zurück und baue in einiger Entfernung die Infrarotkamera auf. Auf dem Monitor sind die Tiere deutlich zu sehen.

Je näher die Dämmerung kommt, desto lebhafter wird es in der Kolonie. Zuerst werden die Mütter wach. Es hat den Anschein, als würden sie die wenige Zeit bis zum Erwachen ihrer Jungen genießen. Sie widmen sich ausgiebig der Pflege ihres Fells und ihrer Flughaut. Sobald die Jungtiere wach sind, werden sie von ihrern Müttern liebevoll geputzt und gesäugt. Fledermäuse bekommen in der Regel nur ein Junges pro Jahr. Zwillingsgeburten kommen zwar vor, sind aber selten. Eine derart geringe Fortpflanzungsrate können sich die Tiere nur leisten, weil sich die Mütter sorgsam um ihren Nachwuchs kümmern und dadurch die Sterblichkeitsrate sehr niedrig bleibt.

Die Gemeinschaft der Wochenstube besteht so lange, bis die Jungen im Sommer ihre Flugfähigkeit erlangen und selbst in der Lage sind, Insekten zu jagen. Dann endet die mütterliche Fürsorge und der Nachwuchs ist auf sich selbst gestellt. Dies wird aber noch einige Wochen dauern...

Mit der Dunkelheit werden die Fledermäuse richtig aktiv. Die ersten Mütter verlassen den Pulk und fliegen in der Dachstube umher. Erst jetzt sieht man, wie groß die Tiere tatsächlich sind. Mit einer Flügelspannweite von über vierzig Zentimetern ist das Große Mausohr die größte heimische Fledermausart.

Im Schutze der Nacht wagen sich die ersten Tiere durch den Glockenturm nach draußen. Aus früheren Beobachtungen weiß ich, dass sie in den nahe gelegenen Wald fliegen, um am Waldboden nach Laufkäfern und anderen großen Insekten zu suchen. Hat die Fledermaus ein Insekt geortet, stürzt sie sich mit ausgebreiteten Flügeln auf das Insekt und fängt dieses geschickt mit dem Mund. Die spitzen Zähne sind zum Greifen und Zerkleinern von Laufkäfern optimal geeignet.

Während der Großteil der Mütter auf Nahrungssuche geht bleiben einige Mütter zurück, um auf den Nachwuchs aufzupassen. Die kleinen Fledermäuse hängen sichtlich gelangweilt an der Decke. Wer nicht schlafen will oder gähnend auf die Rückkehr der Mutter wartet, vertreibt sich die Zeit mit Putzen und Flügelschlagen.

Mehrmals in der Nacht kommen die Mütter zu ihrem Nachwuchs zurück. Für mich ist es immer wieder ein Rätsel, wie zielstrebig jede Fledermausmutter zu ihren Jungen findet. Und auch die Jungen verlieren keine Zeit: Nach einer kurzen, stürmischen Begrüßung suchen die hungrigen Kleinen zielstrebig nach den Zitzen ihrer Mütter um dann ausgiebig zu trinken.

Die ganze Nacht über fliegen die Mütter abwechselnd aus und ein. Erst mit der Morgendämmerung kehrt allmählich wieder Ruhe ein. Meine Anspannung lässt nach. Jetzt spüre ich doch die Müdigkeit in den Knochen. Zeit nach Hause zu gehen...

Das Graue Langohr bringt im Früh-
sommer ein bis maximal zwei Jung-
tiere zur Welt. Die Wochenstuben be-
finden sich meist in den Dachstühlen
älterer Häuser. In den ersten Tagen
nach der Geburt nimmt die Mutter
ihr Jungtier am Bauch mit zur Nah-
rungssuche. Schon bald werden diese
jedoch zu schwer und müssen in der
Wochenstube zurückbleiben, wäh-
rend die Mutter Insekten fängt. **QR 1**

Junge Luchse werden im Mai in einer Felshöhle oder im Wurzelbereich eines umgestürzten Baumes zur Welt gebracht. Die Jungtiere werden vier bis fünf Monate gesäugt und bleiben bis zum nächsten Frühjahr in der Obhut ihrer Mutter. Erst wenn diese neuen Nachwuchs erwartet, werden die Jungen von der Mutter verbannt. **QR 18**

Der Wurf eines Luchses besteht aus bis zu fünf Jungtieren. Diese streunen oft alleine umher, während die Mutter unterwegs ist um Nahrung zu beschaffen. Gejagt werden Säugetiere von der Maus bis zum Reh sowie bodenbrütende Vögel. Die Beute wird aus kurzer Entfernung angesprungen und mit einem Biss in die Kehle getötet.

O – Wildschweine werden in sogenannten Wurfkesseln, einem überdachten Nest aus Gräsern, Moos und Zweigen zur Welt gebracht. **QR 19**

U – Der Wurf einer Wildkatze besteht aus zwei bis sechs Jungtieren. Diese kommen meist im April oder Mai zur Welt.

Frischlinge zeigen schon früh die typischen Verhaltensweisen erwachsener Wildschweine. Das Scheuern des Fells am Baumstamm gehört dazu. Die charakteristischen Längsstreifen der Frischlinge verlieren sich nach etwa drei bis vier Monaten.

Junge Wildkatzen sehen den Katzenbabys der Hauskatze zum Verwechseln ähnlich. Auch sie sind im Alter von sechs bis acht Wochen noch sehr neugierig und verspielt.

Kapitel 4

Jagd und Beutefang

Es gibt Tierarten, die sind so scheu und selten, dass sie einem in freier Wildbahn kaum vor die Kamera laufen. Das ist für mich als Fotograf und Filmer manchmal bitter, aber dennoch nicht zu ändern. Wenn ich diese Tiere aufnehmen möchte, muss ich einfach die Bedingungen akzeptieren, in denen das möglich ist – will sagen, ich fotografiere oder filme sie in »Gefangenschaft«. Inzwischen sind die Gehege in den meisten Fällen so angelegt und naturnah eingerichtet, dass die Tiere auch dort ihre natürlichen Verhaltensweisen zeigen.

Ein Beispiel für eine gelungene Ansiedelung gefährdeter und scheuer Arten ist der Nationalpark »Bayerischer Wald«. Dort, am Gehege der Wildkatze, hatte ich ein ganz besonderes Erlebnis. Ich war extra angereist, denn die beiden Wildkatzen hatten in diesem Jahr vier Jungtiere. So eine Gelegenheit kann ich mir natürlich nicht entgehen lassen.

Ein sonniger Tag im Juni. Die etwa vier bis sechs Wochen alten Kätzchen liegen mehr oder weniger schläfrig in der Sonne. Immer wieder rafft sich eines der Kätzchen auf, um eines der Geschwister zum Kampf aufzufordern. Schon ganz gekonnt schleicht es sich in echter Wildkatzenmanier von hinten an sein Opfer an, um es dann aus dem Sprung heraus mit den Vorderpfoten und den Zähnen zu packen. Meist entbrennt daraus ein lustig anzuschauender Schaukampf, der mitunter in einer wilden Verfolgungsjagd endet. Die jungen Kätzchen erproben auf spielerische Weise ihre Geschicklichkeit beim Anschleichen und Fangen ihrer Beute.

Angelockt von den Futterresten an den verschiedenen Stellen des Geheges schwirren dicke Schmeißfliegen um die Brocken oder lassen sich gierig darauf nieder. Sie sind für die jungen Wildkatzen perfekte Trainingsobjekte. Meist schleichen sich die neugierigen Kätzchen so dicht an die in der Sonne sitzenden Fliegen heran, bis diese auffliegen. Dann werden sie in wildem Tempo und mit großen Sätzen gejagt. Diese Jagd bleibt – zugegeben – meist erfolglos, aber für uns sind die Haken und akrobatischen Sprünge der Kätzchen so komisch und lustig anzusehen, dass wir darüber fast vergessen, auf den Auslöser zu drücken.

Während die jungen Kätzchen allmählich immer munterer und aktiver werden, regt sich bei den Eltern noch wenig. Der Kuder scheint tief und fest zu schlafen, während sich die

Kätzin ausgiebig mit der Fellpflege beschäftigt. Wie auf ein unsichtbares Kommando hält sie aber plötzlich inne, setzt sich auf, spitzt die Ohren und blickt angestrengt in die Ferne. Ich kann nichts entdecken. Die Katze jedoch setzt sich geräuschlos in Bewegung. Sie schleicht zunächst verhältnismäßig schnell, dann aber im dichten Unterholz wird sie immer langsamer. Und schließlich drückt sie sich ganz flach auf den Boden. Zentimeter um Zentimeter schiebt sie sich kriechend vorwärts. Jetzt erst entdecke ich, was ihren Jagdinstinkt geweckt hatte. Eine Kohlmeise, die irgendwie ins Innere des Geheges gelangt ist, sitzt völlig unbekümmert auf dem Boden und sucht nach Futter. Ahnungslos scheint sie sich der Gefahr, in der sie schwebt, gar nicht bewusst zu sein.

Sekundenbruchteile später springt die Wildkatze aus ihrem Hinterhalt. Sie packt den Vogel mit ausgefahrenen Krallen. Ein gezielter Biss – vorbei. Alles geht so schnell, dass ich gar nicht die Zeit finde, den Auslöser meiner Kamera zu drücken. Erst als die Katze den regungslosen Vogel im Maul hält, gelingt mir ein erstes Foto. Die jungen Kätzchen waren bisher so in ihr Spiel vertieft, dass sie von der Jagd gar nichts mitbekommen haben. Jetzt kommen sie heran und bedrängen ihre Mutter von allen Seiten. Neugierig und aufgeregt beschnuppern sie die Beute. Erst als die Mutter ihr Maul öffnet und den Vogel vor ihre Füße fallen lässt, sehe ich, dass er noch gar nicht tot ist. Stark angeschlagen versucht die Meise wegzuflattern. Die jungen Katzen verfolgen den davonhüpfenden Vogel und greifen immer wieder an, um das Tier mit ihren Krallen zu packen, durch die Luft zu wirbeln und weiter zu verfolgen. Ein Kätzchen nach dem anderen stellt sein jagdliches Können unter Beweis. Immer furchtloser und zielsicherer werden die Kätzchen im Umgang mit ihrem wehrlosen Opfer. Selbst als der Vogel längst tot ist, wird er noch nicht gleich gefressen, sondern erst noch als »Spielzeug« benutzt.

Für uns Menschen ist das Spiel mit der lebenden Beute überaus grausam. Doch dieses grausame Training ist für die jungen Wildkatzen überlebenswichtig, denn sie üben damit ihre Geschicklichkeit. Irgendwann in naher Zukunft werden die jungen Wildkatzen in freier Wildbahn auf sich selbst gestellt sein. Und wer bis dahin nicht gelernt hat, selbst Beute zu fangen, wird unweigerlich verhungern.

Die Wildkatze ernährt sich in erster Linie von kleinen Säugetieren. Vögel, wie diese Kohlmeise, machen nur einen kleinen Teil ihrer Beute aus. Als reine Pirschjäger schleichen sich Wildkatzen im Schutze der Deckung dicht an ihre Beute heran. Durch einen Überraschungsangriff wird das Beutetier im Sprung gepackt und durch einen gezielten Biss getötet.

Während der Jungenaufzucht versorgt die Mutter ihre Jungen zuweilen mit lebender Beute. Durch das Spielen mit der lebenden Beute trainieren die jungen Katzen ihre Geschicklichkeit – eine wichtige Voraussetzung für ihr späteres Überleben in der Natur.

Am späten Nachmittag packe ich meine Ausrüstung zusammen. Ich möchte unbedingt noch beim Wolfsgehege vorbeigehen, wenn dort die Fütterung stattfindet.

Im Gehege liegt das Futter schon bereit, aber von den Wölfen ist noch nichts zu sehen. Nichts regt sich in der nächsten Stunde. Die ersten Fotografen werden ungeduldig und räumen das Feld.

Doch da – hat sich da nicht eben etwas bewegt? Ich blicke durch das Teleobjektiv und erkenne hinter einer etwa einhundert Meter entfernten Kuppe den Kopf eines ausgewachsenen Wolfes. Der Wolf blickt neugierig zum bereitgelegten Futter. Ein zweiter Kopf erscheint und dann noch ein dritter. Das Wolfsrudel erwacht allmählich aus dem Schlaf. Einer der Wölfe leckt einem anderen mit angelegten Ohren die Lefzen – eine eindeutige Gebärde, die Unterwürfigkeit signalisiert.

Jetzt setzt sich der Leitwolf in Bewegung. Er nutzt jede sich bietende Deckung, läuft in langsamem Trab einen großen Bogen. Immer wieder bleibt er mit hoch aufgerichtetem Kopf und aufgestelltem Schwanz stehen. Er nimmt die Witterung auf. Das Rudel folgt auf der Fährte des Leittiers. Insgesamt zähle ich sieben Wölfe.

Die Tiere verhalten sich völlig geräuschlos. Sie bewegen sich so, dass der Wind von der »Beute« kommend sie nicht verrät. Auf leisen Sohlen schleichen sie sich an das ausgelegte Futter heran. Auch hier im Gehege zeigen sie ein fast natürliches Jagdverhalten. Im Schutze des Unterwuchses kommt das Rudel im näher. Schließlich springt der Leitwolf auf das ausgelegte Futter zu, schnappt sich einen großen Brocken und schüttelt ihn energisch durch die Luft. Nacheinander schnappen sich auch die anderen Rudelmitglieder ein Stück Fleisch. Ein rangniedriges Tier kommt dabei einem ranghöheren Wolf zu nahe. Sofort entbrennt ein heftiger Streit. Die beiden Wölfe versuchen sich gegenseitig, laut knurrend und mit gefletschten Zähnen im Nacken des anderen zu verbeißen. Schon nach wenigen Sekunden zeigt sich aber wer der Stärkere ist, denn der rangniedrigere Wolf verlässt in geduckter Haltung mit eingeklemmtem Schwanz den Platz.

Immer wieder kommt es zum Streit um das Futter. Meist reicht schon eine Drohgebärde aus, um den Gegner einzuschüchtern. Dabei richtet sich der ranghöhere Wolf auf, spannt sämtliche Muskeln im Körper an und stellt den Schwanz senkrecht nach oben. Ist das immer noch nicht eindrucksvoll genug, fletscht er die Zähne und knurrt laut. Erst wenn diese Signale nichts nützen, geht er auf den Kontrahenten los und ein richtiger Kampf um den Futterbrocken entbrennt.

Das ganze Schauspiel zeigt so unverstellt, was sich in freier Wildbahn abspielt, dass ich fast vergesse, dass wir uns hier in einem Gehege befinden. Nur zwanzig Meter von der Besucherplattform entfernt erleben wir hier wölfischen Alltag. Und weil die Wölfe inzwischen an den Anblick der Beobachter und Fotografen gewöhnt sind, lassen sie sich von uns auch nicht weiter stören. Derart optimale Bedingungen sind in freier Wildbahn nirgendwo zu finden.

Wölfe ziehen nur selten einzeln umher. In der Regel leben sie im Rudel. Dieses besteht aus dem Elternpaar und den Jungtieren der letzten beiden Jahre. Mit der Geschlechtsreife der Jungtiere im Alter von zwei Jahren müssen die Jungtiere das Rudel verlassen. **QR 20**

Wölfe versuchen sich ihren Beutetieren – in der Regel mittelgroße Säugetiere – auf eine möglichst geringe Distanz zu nähern. Hierbei achten sie stets auf den Wind und nutzen die vorhandene Deckung zu ihrem Vorteil.

Im Rudel kreisen die Wölfe ihr Beutetier ein. Reagiert dieses mit Flucht, wird es durch eine kurze, schnelle Hetzjagd verfolgt, eingeholt und zur Strecke gebracht.

Marder sind ausgesprochen heimliche Zeitgenossen, die meist erst bei völliger Dunkelheit auf die Jagd gehen. Baummarder sind ganz hervorragende Kletterer. Sie verfolgen ihre Beute bis in die Wipfel der Bäume. Steinmarder sind bodenständiger. Sie finden ihre Nahrung überwiegend am Boden. Vor Jahren habe ich einmal einen Steinmarder beobachtet, wie er im zeitigen Frühjahr am Ufer eines Tümpels entlang schlich und einen Molch nach dem anderen fraß. Aus der Ferne sah es so aus, als würde der Marder ziellos umherstreifen und alles fressen, was mehr oder weniger zufällig vor seiner Schnauze auftaucht. Tatsächlich aber spürt dieser Marder seine Beute in erster Linie mit der Nase auf. Mit dieser schnüffelt er nach Insekten, Schnecken, Amphibien, Reptilien, Vögeln und Kleinsäugern. Seine Beute tötet er mit einem geschickten Biss in den Nacken. Ein Steinmarder nimmt jedoch nicht nur tierische Nahrung zu sich. Er verschmäht auch Früchte und Beeren nicht. In seinem Kot finden sich je nach Jahreszeit zahlreiche Kirsch- und Pflaumenkerne, die Aufschluss über diesen Teil seines Speiseplans geben.

Per Zufall gelang mir einmal mit Hilfe einer Lichtschranke ein Foto von einem Steinmarder mit einer Amsel im Maul. Hatte der Marder den Vogel im Schlaf überrascht und erbeutet oder tot am Straßenrand gefunden? Steinmarder jagen zwar überwiegend am Boden. Haben sie jedoch erst einmal ein Vogelnest aufgespürt, zeigt es sich schnell, dass sie als geschickter Kletterer, Bäume, Felswände und sogar senkrechte Hausfassaden erklimmen können, um an ihre Beute zu gelangen.

Marder besitzen einen langgestreckten Körper, kurze Beine und einen langen, buschigen Schwanz. Die bei den heimischen Arten lassen sich anhand der Fellfärbung des Kehlflecks voneinander unterscheiden. De Kehlfleck ist beim Baummarder gelblich und bei seinem nahen Verwandten, dem Steinmarder, weiß.

O – Der Baummarder ist ein scheuer Waldbewohner, Nur selten verlässt er den schützenden Wald, um in waldnahen Streuobstwiesen auf die Jagd zu gehen.

U – Anders als der Baummarder bewohnt der Steinmarder den Bereich menschlicher Siedlungen. Im Schutze der Nacht jagt er auch zwischen den Häuserschluchten und zieht seine Jungen in Dachstuben und Kellern älter Häuser groß.

Baummarder sind Allesfresser. Sie bevorzugen jedoch kleine Säugetiere (Eichhörnchen und Mäuse) sowie Vögel. Darüber hinaus verzehren sie Eidechsen, Frösche, Schnecken, Insekten und Aas. Im Spätsommer und Herbst frisst ein Baummarder auch Früchte, Beeren und Nüsse. **QR 21**

Baummarder sind geschickte Kletterer. Sie klettern mit Leichtigkeit in die Kronen hoher Bäume und können dort auf der Jagd nach Beute bis zu vier Meter weit von Ast zu Ast springen. Dabei sind sie so wendig und geschickt, dass sie Vögel überraschen und fangen und selbst Eichhörnchen auf der Flucht fangen und überwältigen können.

In der späten Dämmerung kann ich einmal beobachten, wie eine Schleiereule im Suchflug über eine frisch gemähte Wiese fliegt. Sie macht plötzlich eine Kehrtwende und stürzt sich mit weit geöffneten, nach vorn gestreckten Krallen in die Wiese. Sie hat dort eine Maus entdeckt. Diese Szene würde ich gerne einmal fotografieren. Aber kann mir das bei völliger Dunkelheit in freier Wildbahn gelingen?

Im Winter habe ich dann die passende Idee. In einer nahe gelegenen Feldscheune lebt schon seit Jahren ein Schleiereulenpaar. Die Scheune wird kaum mehr genutzt und ist auch im Winter ziemlich leer. Ich hole mir vom Besitzer die Erlaubnis, fotografieren zu dürfen und stelle in der Mitte der Scheune eine große, mit mehreren Mäusen bestückte Wanne auf. Auf dem Boden der Wanne verteile ich Blätter und Stroh sowie eine ausreichende Menge an Futter für die Mäuse.

Schleiereulen jagen im Winter gerne im Inneren von Scheunen und Ställen. Dort gibt es im Winter besonders viele Mäuse und wenn der Schnee hoch liegt, sind sie dort viel leichter zu erbeuten als draußen auf dem freien Feld. Das weiß ich aus Berichten von Kollegen und auch aus eigener Beobachtung. Jetzt hoffe ich, dass mein Plan aufgeht, und dass die Eulen die Wanne mit dem Futter entdecken und für sich nutzen werden.

Im ersten Schritt lasse ich die Wanne mit den Mäusen über Nacht stehen. Werden in den nächsten Tagen Mäuse fehlen? An den ersten drei Tagen passiert nichts. Keine Maus fehlt bei der morgendlichen Zählung. Am Morgen des vierten Tages dann ergibt der Appell: gleich drei Mäuse sind abgängig.

Noch am selben Abend lege ich mich in einer ruhigen Ecke der Scheune auf die Lauer. Es ist stockfinster. Selbst mit dem Nachtglas kann ich kaum etwas erkennen. Oder doch? Eine erste Eule fliegt völlig lautlos durch die Scheune auf die Wanne mit den Mäusen zu. Ich kann noch erkennen, wie die Eule schnurstracks in die Wanne stürzt und einen kurzen Augenblick später mit einer Maus im Schnabel wieder auftaucht. Mit der Maus im Schnabel ist sie so schnell und lautlos verschwunden, wie sie gekommen ist. Die ganze unwirkliche Szene dauert nur ein paar Augenblicke.

Die Schleiereule jagt in erster Linie kleine Säugetiere. Haus- und Feldmäuse, die sie im Umfeld menschlicher Behausungen findet, bilden den Hauptteil ihrer Nahrung. Während der Jagd gleitet sie nur wenige Meter über dem Erdboden. Ihr Flug ist nahezu geräuschlos, da Strömungsgeräusche durch die kammartig gezähnte Außenfahne der vordersten Handschwinge vermieden werden.

Schleiereulen orten ihre Beute sowohl optisch als auch akustisch. Hierbei verstärkt der Gesichtsschleier den Schall wie ein Trichter und leitet diesen ans Ohr der Eule. Entdeckt die Eule während des Fluges ein Beutetier, lässt sie sich aus der Luft herabfallen und erdolcht das Beutetier mit ihren spitzen Krallen.

Ich will unbedingt die Schleiereule beim Beutefang fotografieren. Meine Wanne als Fotomotiv ist dafür jedoch denkbar schlecht geeignet, ein Tisch wäre besser. Jetzt ist meine Kreativität gefragt. Auf dem Tisch gestalte ich eine naturgetreue Landschaft, platziere den Fotoapparat mit den beiden Blitzleuchten so, dass ich die Eule beim Anflug auf die Beute fotografieren kann und installiere über dem Tisch eine Lichtschranke. Mein Tisch ist so gebaut, dass die Maus nicht nach unten klettern und entkommen kann. Dann wird es dunkel. Ich setze die erste Maus auf den Tisch und beziehe wieder mein Versteck in der Ecke der Scheune. Jetzt hilft nur noch warten. Wird sie wieder kommen?

Pünktlich mit dem Einbruch der Dunkelheit taucht die Schleiereule aus dem Nichts auf. Zielsicher fliegt sie auf den Tisch zu und löst die Lichtschranke aus. Ein greller Blitz erleuchtet den Raum. Die Eule fliegt erschrocken davon. Während ich mir noch überlege, ob sie durch den hellen Blitz geblendet wurde und die Maus gar nicht erkennen konnte, kommt sie direkt ein zweites Mal angeflogen. Diesmal packt sie die Maus trotz des erneut ausgelösten Fotoblitzes. Mein Experiment ist also doch gelungen!

Eulen erdolchen ihre Beute mit den spitzen Krallen und töten sie dann durch einen gezielten Schnabelbiss ins Genick. Beim Fang der Beute in völliger Dunkelheit verlassen sie sich nicht mehr nur auf ihre Augen, sondern auch auf ihr Gehör. Sie hören das leise Geraschel einer Maus und fliegen zielsicher auf das Geräusch zu. Allerdings kommt es dabei immer wieder zu Fehlversuchen. Die Federn der Eulen sind viel weicher als die Federn anderer Vögel. Die Schwungfedern haben an ihrem Vorderrand kammartige Strukturen. So werden die Fluggeräusche auf ein Minimum reduziert und die Eulen verraten sich beim Anflug auf ihre Beute nicht durch das Geräusch des Fluges.

Ich hole eine weitere Maus aus dem Käfig und setze sie auf den Tisch. Und auch dieses Mal dauert es nicht lange, bis eine zweite Eule anfliegt und im Blitzgewitter meiner Kamera die Maus zielsicher erbeutet. Die Eulen scheinen sich schnell an das Blitzlicht zu gewöhnen. Nach anfänglicher Vorsicht verlieren sie allmählich ihre Scheu. Ich kann zwar nicht genau erkennen, wie viele Schleiereulen sich am Tisch bedienen, bin mir aber sicher, dass es mindestens zwei Tiere sind.

An diesem Abend kann ich insgesamt sieben Anflüge fotografieren.

In unseren Breiten bewohnt der Habichtskauz offene Buchenmischwälder mit wenig Unterwuchs. Der überwiegend nachtaktive Habichtskauz jagt während der Jungenaufzucht mitunter auch am Tage. Habichtskäuze sind typische Ansitzjäger. Dabei sitzen sie mit gespreiztem Gesichtsschleier auf einer mehr oder weniger hohen Warte und lauern auf Beute. Wird ein Beutetier erspäht oder akustisch geortet, lässt sich der

Habichtskauz im Steilflug fallen und ergreift das Tier mit seinen spitzen Krallen. Kleinere Säugetiere werden sofort mitgenommen und im Fang zum Fressplatz transportiert. Größere Säugetiere werden durch gezielte Nackenbisse getötet und gleich am Fangplatz gefressen.

Der Raufußkauz, der in etwa so groß ist wie der Steinkauz, ist an der tropfenförmigen Zeichnung, dem großen Kopf und dem dunkel umrandeten Gesichtsschleier gut zu erkennen. Die Füße sind bis zu den Krallen hell befiedert. Daher stammt auch der Name. **QR 22**

L – Der nachtaktive Raufußkauz ortet seine Beute überwiegend akustisch. Dank seines ausgesprochen guten Gehörs kann er die Geräusche genau lokalisieren und zielsicher anfliegen.

R – Als reiner Ansitzjäger sucht sich der Raufußkauz geeignete Ansitzwarten im Wald. Von dort aus stürzt er sich auf bodenlebende Kleintiere – meist Waldmäuse. QR 23

Tarnen und Täuschen

Tiere die nachts aktiv sind haben einen unschätzbaren Vorteil auf ihrer Seite: Sie brauchen sich unterwegs in der Regel nicht zu tarnen, denn im Schutze der Nacht sind sie auch ohne Tarnung nur schwer zu entdecken. Auch auffällige Farben mit denen ihre Kollegen tagsüber potenzielle Fressfeinde abschrecken sind nachts nutzlos.

Ganz anders sieht es allerdings am Tage aus. Um nicht während der Ruhephase überrascht und gefressen zu werden, müssen die nachtaktiven Tiere den Tag in sicheren Verstecken verbringen oder so gut getarnt sein, dass sie nicht entdeckt werden. Absolute Meister der Tarnung bei Tage sind zahlreiche Nachtfalter. Um nicht entdeckt zu werden weisen sie eine Musterung auf, die sie mit dem Untergrund, auf dem sie tagsüber sitzen, perfekt eins werden lässt. Wie oft ist es mir schon passiert, dass ich einen direkt vor meiner Nase sitzenden Nachtfalter erst dann entdeckt habe, als er sich bewegte und die Flucht ergriff.

Auch Eulen sind Meister der Tarnung. Sie sitzen tagsüber unbeweglich am Stamm großer Bäume und sind dank ihrer Tarnfarben kaum mehr zu entdecken. Diesbezüglich hatte ich einmal mit der Zwergohreule ein besonderes Erlebnis. Ich war extra nach Südfrankreich gefahren, um Zwergohreulen aufzustöbern und zu fotografieren. Bereits in der ersten Nacht hatte ich Glück. Zwergohreulen rufen gern und viel. Sie waren gut zu hören. Von verschiedenen Seiten Drang das einsilbige »Djü«, »Djü«, »Djü« an mein Ohr. Ich schlich mich an eine besonders häufig rufende Eule an und gelangte in ein kleines Pinienwäldchen. Von der Eule war nichts zu sehen. Als ich jedoch den Ruf nachahmte, bekam ich sofort Antwort. Je mehr ich rief, umso aufgeregter antwortete die Eule. Gelegentlich ließ sie auch ein kurzes Schnabelklappern hören – ein deutliches Zeichen dafür, dass ich mich in der Nähe ihrer Bruthöhle befand. Ich war also als Eindringling und vermeintlicher »Nebenbuhler« in das Revier des Eulenpaares eingedrungen. Vermutlich saß das Weibchen bereits auf den Eiern, während das Männchen mit der Verteidigung des Reviers beschäftigt war. Die Eule schien immer näher zu kommen. Aber erst als sie direkt über mir im Baum landete, konnte ich ihre Umrisse für einen kurzen Moment am sternerleuchteten Nachthimmel erkennen. Die Zwergohreule flog erst erschrocken davon als ich mich bewegte.

O – Gut getarnt und dadurch weitgehend unsichtbar verbringt das Abendpfauenauge den Tag an den Stämmen älterer Bäume. Werden die Tiere gestört, öffnen sie die Flügel und zeigen die riesigen Augen. Ein Verhalten, das der Abschreckung von Fraßfeinden dient.

U – Die Raupe des großen Gabelschwanzes ist in ihrer Ruhestellung kaum zu erkennen. Sind Feinde in der Nähe, zieht sie den Kopf in den Körper und streckt ihnen den auffällig gefärbten Vorderleib mit den beiden Scheinaugen entgegen. Dadurch wirkt die Raupe wesentlich größer.

Die Flügel der Kupferglucke sind so gefärbt und geformt, dass sie einem vertrockneten Blatt zum Verwechseln ähneln. Ruhen die Tiere tagsüber an einem Zweig, schieben sie ihre Hinterflügel unter den Vorderflügeln hervor und verdrehen sie so, dass der Körper unter diesen verdeckt wird.

Am darauffolgenden Tag suchte ich das kleine Pinienwäldchen, in dem ich die Eulen gehört hatte, nach der Bruthöhle ab. Zwergohreulen brüten meist in verlassenen Spechthöhlen oder ausgefaulten Astlöchern. Was für eine tolle Gelegenheit, wenn ich die Höhle finden und die Tiere beim Anflug an ihre Brutstätte fotografieren könnte. Tatsächlich fand ich eine Spechthöhle in knapp drei Metern Höhe im Stamm einer Pinie. Ein idealer Platz, um die Vögel bei der Ankunft an ihrer Höhle zu fotografieren.

Als ich aber am Abend meine Fotoausrüstung aufstellen wollte, war die Höhle verschwunden. Ich traute meinen Augen nicht. Das war doch nicht möglich! Immer wieder suchte ich den Stamm ab, aber die Höhle blieb verschwunden. Schließlich nahm ich mein Fernglas zu Hilfe. Da entdeckte ich die Höhle. Sie war doch noch da war, wurde aber durch eine im Höhleneingang sitzende Zwergohreule verdeckt. Völlig unbeweglich saß die Eule in dem Loch und starrte mich mit zusammengekniffenen Augen an. Ihr Gesicht war der Borke der Pinie zum Verwechseln ähnlich. Offenbar wusste die Eule ganz genau, wie gut sie getarnt war, denn sie dachte nicht einmal daran, ins Innere der Höhle zu flüchten.

In den kommenden Tagen entstanden noch einige schöne Aufnahmen vom Anflug der Eulen an ihre Bruthöhle. Aber die in der Höhle sitzende Zwergohreule blieb mir stets in besonderer Erinnerung.

Um nicht gefressen zu werden wählen manche Insekten die Methode der Abschreckung. Deshalb trägt beispielsweise das Kleine Nachtpfauenauge große Augen auf den Flügeln. Diese Augen dienen dazu, tagaktive Feinde, in erster Linie insektenfressende Vögel, zu erschrecken und in die Flucht zu schlagen.

Auch die auffällig gefärbte Raupe des Großen Gabelschwanzes zeigt ein bemerkenswertes Abwehrverhalten. Kommt ihr ein Feind zu nahe, zieht sie den Kopf in das erste Brustsegment ein und streckt ihm den auffälligen rotweißen Bereich mit den Scheinaugen entgegen. Durch das Einziehen wird die Raupe wesentlich dicker und wirkt durch ihr Aussehen und ihr Verhalten schon recht bedrohlich. Zusätzlich kann die Raupe aus jedem Doppelschwanz einen langen, roten Schlauch ausstülpen. Die zitternd bewegten Schläuche wirken ebenfalls abschreckend. Wird die Gabelschwanzraupe noch weiter gereizt, verspritzt sie aus einem Spalt an der Unterseite des Kopfes Ameisensäure. Spätestens damit schlägt sie den Feind dann endgültig in die Flucht.

Auf ganz ähnliche Art und Weise verteidigt sich auch die Raupe des Mittleren Weinschwärmers. Auch sie zieht bei Gefahr den Vorderkörper in das dicke, auffällig gefärbte Bruststück. Mit den deutlich hervortretenden Augenflecken sieht die Raupe tatsächlich sehr gefährlich aus.

Einmal bekam ich einen Anruf von einer Frau, die beim Schneiden ihrer Weinreben ein seltsames, bedrohliches Tier entdeckt hatte. Der Beschreibung nach sah das Tier aus wie ein kleines Krokodil, das auf winzigen Hinterbeinen stehend den Kopf mit den großen Augen und Zähnen im Oberkiefer hin und her bewegt. Da ich mir kein Tier vorstellen konnte, das zu dieser Beschreibung passte, fragte ich nach der Größe des Tieres und bekam zur Antwort, dass der wurstförmige Körper etwa 10 cm groß sei. Ich bat sie, das Tier vorsichtig in ein Glas zu stecken und mir zu bringen.

Die Frau brachte mir das Tier, das sie so erschreckt hatte in einem Gurkenglas. Ich erkannte sofort, dass es sich hier um eine Schmetterlingsraupe handelte. Ich öffnete das Glas und nahm die Raupe vorsichtig heraus. Laut kreischend sprang die Frau zur Türe. Erst als ich ihr erklärte, dass es sich bei dem Tier um die völlig harmlose Raupe des Mittleren Weinschwärmers handelt, die mit ihren Scheinaugen und den Bewegungen versucht, ihre Feinde zu erschrecken, kam sie zögernd näher. »Das ist ihr aber auch gelungen!« meinte die Frau. Wir nahmen uns die Zeit und betrachteten die Raupe eingehend. Dann setzten wir sie wieder an die Weinrebe, an der sie gefunden worden war.

Später erfuhr ich, dass der Name des Mittleren Weinschwärmers eigentlich irreführend ist. Er kommt nämlich nur selten an Weinreben vor, und seine Raupen ernähren sich viel lieber von Blättern des Weidenröschens und von Springkräutern sowie von Blutweiderich.

Junge Steinkäuze inspizieren gut getarnt und geschützt ihre Umgebung.

Die Zwergohreule verbringt den Tag gut versteckt am Stamm großer Bäume. Dank ihrer Farbe sind die Tiere so gut getarnt, dass meist nur noch die leuchtend gelben Augen zu sehen sind. **QR 24**

Die Autoren im Gespräch

Herr Nill, Herr Ziegler, für dieses Buch haben Sie beide als Fotograf und Autor Hand in Hand gearbeitet. Wie lief das ab? Schließlich schreibt Herr Ziegler in der Ich-Form und erzählt die Erlebnisse von Herrn Nill.
BERNHARD ZIEGLER: Das ist kein Problem. Wir kennen uns seit vielen Jahren, wir teilen viele gemeinsame Erlebnisse oder haben ähnliche Situationen unabhängig voneinander erlebt. Wir beobachten beispielsweise beide sehr gerne Dachse. Ich kann da aus der Erinnerung erzählen oder einfach meine eigenen Erlebnisse mit verwenden. Mir fällt es auch einfach leichter, in der Ich-Form zu schreiben.

Herr Nill, Herr Ziegler, Nachttiere zu fotografieren und ihr Verhalten zu beschreiben ist schon Hohe Schule der Naturbetrachtung. Woher stammt Ihr Wissen? Bevor überhaupt das erste Foto geschossen werden kann, muss man gerade bei diesen Tieren unglaublich viel über ihr Verhalten wissen. Auf welche Tipps und Expertenratschläge greifen Sie zurück, oder muss man sich alles mühevoll selbst aneignen?
DIETMAR NILL: Ich bin in jeder Hinsicht Autodidakt. Seit meiner Kindheit, seit meinem zehnten oder zwölften Lebensjahr, fasziniert mich die Natur und habe ich jede freie Minute draußen verbracht. Natur lernt man nur durch eigenes Erleben kennen. Nur wenn ich mich mit offenen Augen in der Natur aufhalte, bekomme ich auch ein Gefühl für sie. Besser als jedes Biostudium schärft das die Sinne, gibt einem ein Gefühl für die eigenen Grenzen. Natur in der Dunkelheit erobert man sich am besten Schritt für Schritt: erst die Wiese, dann den Waldrand und schließlich den Wald.
BERNHARD ZIEGLER: Mir geht es genauso. Die Theorie ist das eine, aber die Natur muss einen packen und fordern. Gerade wenn ich lerne, mich in der Dunkelheit zurechtzufinden, spüre ich die Faszination, die von dieser verborgenen Welt ausgeht. Und grundsätzlich gilt ja: man sieht nur, was man kennt. Erinnerst Du Dich, Dietmar, an unsere Expedition in Costa Rica, als wir die Pfeilgiftfrösche filmen wollten? Nirgends war einer zu entdecken, und als wir den ersten mehr oder weniger zufällig gesehen hatten, war plötzlich der ganze Wald voller Pfeilgiftfrösche...

Wie viel Technik muss sein? Wann ist wenig Technik mehr?
DIETMAR NILL: Die Technik heute lässt uns Dinge entdecken, die wir mit dem bloßen Auge gar nicht sehen können. Mit einer Kamera, die bis zu 300 Bilder pro Sekunde macht, kann ich die Jagd der Wanderfalken oder sonstige Details, die sonst dem Auge verborgen bleiben, erkennbar machen. Oder ganz aktuell möchte ich in der einzigen Kolonie der Großen Hufeisennasen in der Bundesrepublik die Geburt der Jungen

filmen. Um da überhaupt die Erlaubnis zu bekommen, muss man sich schon einen gewissen Ruf erworben haben, denn in keinem Fall dürfen sich die Mütter gestört fühlen. Wir stellen unsere Kameras auf, solange die Alten draußen fliegen und filmen aus der Entfernung über den Computer.
BERNHARD ZIEGLER: Ein guter Fotograf muss erkennen, wenn er im Weg ist. Es ist schlicht unmöglich, wenn sich eine Vogelmutter so gestört fühlt, dass sie sich nicht ans Nest traut. Dann kann nur gelten: Einpacken und die Familie in Ruhe lassen.

Herr Nill, Sie haben sich inzwischen fast ganz dem Medium Film verschrieben. Eigentlich schade, wenn man die tollen Fotos in diesem Buch betrachtet, aber dafür gibt es sicher einen Grund.
DIETMAR NILL: Meine Bilder kann ich heute aus meinen Filmen heraussuchen. Meine Highspeedkamera liefert sie mir in einer tollen Auflösung. So kann ich Geschichten erzählen, Verhalten zeigen oder für eine konkrete Situation das exakt beste Bild auswählen. Das bewegte Bild hat die gleiche Qualität wie das Foto.

Herr Ziegler, Sie arbeiten am Umweltzentrum Listhof in Reutlingen. Wie führen Sie Besucher an so ein komplexes Thema wie Nachttiere heran?
BERNHARD ZIEGLER: Nachttiere sind ein schwieriges Thema. Am besten geht es über unsere Fledermausexkursionen mit Bat Detektoren und Taschenlampen. Das ist jedes Mal ein sehr eindrückliches Erlebnis für die Teilnehmer, und man kann dabei auch über andere Nachttiere viel berichten. Manchmal lassen wir auch einzelne Personen auf einem Hochsitz im Wald allein. Aber das muss schon sehr gut vorbereitet sein, und wir müssen den jeweiligen Teilnehmer auch gut kennen. Sonst geht das unweigerlich schief. Aber ganz abgesehen von Nachttieren gilt für jede Unternehmung am Listhof, dass wir eine praktische Ergänzung zum theoretischen Biologieunterricht sein möchten und reale Naturerlebnisse vermitteln möchten.

Zum Schluss noch eine Frage an Sie beide: Ich habe nachts im Wald Angst. Hatten Sie auch schon ein Erlebnis, bei dem Sie eine Gänsehaut bekamen oder sich richtig fürchteten?
BERNHARD ZIEGLER: Ich war so etwa 14 Jahre alt und wollte mit einem Freund Dachse beobachten. Mein Freund kam zu spät, und drum zog ich alleine los. Auf dem Rückweg in stockdunkler Nacht packte plötzlich jemand von hinten meine Beine und hielt mich fest. Ich war zu Tode erschrocken. Aber es war nur mein Freund. Er hatte meine Beobachtung nicht stören wollen und in einiger Entfernung auf mich gewartet.
DIETMAR NILL: Ich saß einmal in dunkler Nacht allein auf einem Hochsitz als ein unglaublicher Schrei die Stille zerriss. Ich bin so furchtbar erschrocken. Ich dachte im ersten Augenblick wirklich, da würde jemand umgebracht. So schreit nur eine Kreatur in Todesnot. Glücklicherweise stellte sich heraus: Es war kein Mensch. Ein Fuchs hatte in der Not so geschrien. Noch heute weiß ich, wie mir damals die Finger zitterten.

Ganz herzlichen Dank an Sie beide für die gute Zusammenarbeit und das schöne Buch in unserem Naturprogramm.

Das Gespräch führte Monika Weymann, Programm Natur
www.dietmar-nill.de

Register

QR-Codes

QR 1 | S. 13 | Stimme Uhu
www.m.kosmos.de/13726/a1

QR 2 | S. 17 | Stimme Schleiereule
www.m.kosmos.de/13726/a2

QR 3 | S. 23 | Stimme Dachs
www.m.kosmos.de/13726/a3

QR 4 | S. 33 | Stimme Reh
www.m.kosmos.de/13726/a4

QR 5 | S. 34 | Stimme Wildkatze
www.m.kosmos.de/13726/a5

QR 6 | S. 39 | Stimme Fuchs
www.m.kosmos.de/13726/a6

QR 7 | S. 54 oben | Stimme Wechselkröte
www.m.kosmos.de/13726/a7

QR 8 | S. 54 unten | Stimme Laubfrosch
www.m.kosmos.de/13726/a8

QR 9 | S. 55 | Stimme Grasfrosch
www.m.kosmos.de/13726/a9

QR 10 | S. 60 | Stimme Igel
www.m.kosmos.de/13726/a10

QR 11 | S. 66 | Stimme Rothirsch
www.m.kosmos.de/13726/a11

QR 12 | S. 71 | Stimme Waschbär
www.m.kosmos.de/13726/a12

Nachstehend finden Sie eine Linkliste, die Ihnen mit Hilfe von QR-Codes (englisch für "Quick Response") - einem von der Firma Denso Wave entwickelten Code – mit Ihrem Smartphone einen schnellen und einfachen Zugriff auf die verlinkten Seiten ermöglicht. Alles, was Sie dazu benötigen, ist ein QR-Code-Reader, den Sie kostenlos in den diversen App-Stores herunterladen können.

QR 13 | S. 78 | Stimme Steinkauz
www.m.kosmos.de/13726/a13

QR 14 | S. 93 | Stimme Waldkauz
www.m.kosmos.de/13726/a14

QR 15 | S. 98 | Stimme Siebenschläfer
www.m.kosmos.de/13726/a15

QR 16 | S. 104 | Stimme Biber
www.m.kosmos.de/13726/a16

QR 17 | S. 113 | Stimme Langohr
www.m.kosmos.de/13726/a17

QR 18 | S. 114 | Stimme Luchs
www.m.kosmos.de/13726/a18

QR 19 | S. 116 oben | Stimme Wildschwein
www.m.kosmos.de/13726/a19

QR 20 | S. 128 | Stimme Wolf
www.m.kosmos.de/13726/a20

QR 21 | S. 134 | Stimme Baummarder
www.m.kosmos.de/13726/a21

QR 22 | S. 145 | Stimme Habichtskauz
www.m.kosmos.de/13726/a22

QR 23 | S. 146 | Stimme Raufußkauz
www.m.kosmos.de/13726/a23

QR 24 | S. 155 | Stimme Zwergohreule
www.m.kosmos.de/13726/a24

QR 25 | S. 8/9 | Film Dachs
www.m.kosmos.de/13726/v25

QR 26 | S. 8/9 | Film Habichtskauz
www.m.kosmos.de/13726/v26

QR 27 | S. 50/51 | Film Igel
www.m.kosmos.de/13726/v27

QR 28 | S. 50/51 | Film Feldhase
www.m.kosmos.de/13726/v28

QR 29 | S. 80/81 | Film Biber
www.m.kosmos.de/13726/v29

QR 30 | S. 120/121 | Film Bechsteinfledermaus
www.m.kosmos.de/13726/v30

Impressum

Umschlaggestaltung von Populärgrafik unter Verwendung von 1 Farbfoto von Dietmar Nill. Die Aufnahme zeigt eine Waldohreule.
Die kleinen Aufnahmen auf der Rückseite zeigen von links nach rechts Dachs, Wasserfledermaus, Luchse. (alle von Dietmar Nill).

Alle Fotos von Dietmar Nill bis auf:
S. 15, S. 62/63 und S. 98/99 von Kerstin Hinze;
S. 38/39 von Klaus Elchle

Trotz sorgfältiger Prüfung und Recherche sind alle Angaben in diesem Buch ohne Gewähr. Eine Garantie oder Haftung der Autoren, des KOSMOS-Verlags oder von ihm beauftragter Personen sind ausgeschlossen.

Unser gesamtes lieferbares Programm und viele weitere Informationen zu unseren Büchern, Spielen, Experimentierkästen, DVDs, Autoren und Aktivitäten finden Sie unter **kosmos.de**

MIX
Papier aus verantwortungsvollen Quellen
FSC® C004592
www.fsc.org

Gedruckt auf chlorfrei gebleichtem Papier

ISBN 978-3-440-13726-0
Redaktion: Monika Weymann
Gestaltung und Satz: Populärgrafik, Stuttgart
Produktion: Markus Schärtlein
Layout: Populärgrafik, Stuttgart
Printed in Germany / Imprimé en Allemagne